KB064254

기초 양식조리

NCS기반 기초 양식조리

김용식 · 허 정 공저

光文閣
www.kwangmoonkag.co.kr

Prologue

오늘날 우리 사회는 경제성장과 더불어 도시화 · 세계화되면서 식생활에 커다란 변화를 가져왔다.

특히, 정보화 시대가 도래되어 국경이 없는 세계는 하나의 지구촌이라 할 수 있겠다.

본서는 서양요리가 한국인의 식생활 속에 깊숙이 보편화되어 자리하고 있는 시점에서 외식 분야에 종사하는 분들과 식품 관련학과를 공부하는 학생들에게 도움이 되고자 조리인의 기본 직무와 서양요리의 개요 및 실기의 내용을 담았으며, 조리사 실기 문제를 수록하여 자격증 취득에 만전을 기하였다. 그러나 초기에는 많은 의욕과 열정에도 불구하고 막상 집필을 마무리하고 보니 내용상 부족한 점이 많이 있는 것으로 사료되어 차후 수정, 보완해 나갈 것을 약속드리며 많은 조언도 함께 부탁 바란다.

이 책이 출간되기까지 많은 도움을 주신 도서출판 광문각 박정태 사장님을 비롯하여 직원 여러분들께 감사드린다.

저자 대표 김용식

Contents

제1부

서양요리 이론

제2부

서양요리 실기

Contents

8) 주 요리(Main dish)

9) 샌드위치(Sandwich)

10) 파스타(Pasta)

제4장 : 부록

1. 서양요리의 개요

1. 음식문화의 역사
2. 서양요리의 역사
3. 한국에서의 서양요리

2. 조리인의 자세와 주방의 안전위생

1. 조리인의 자세와 업무태도
2. 조리사와 주방 안전위생
3. 주방조직과 기능
4. 조리기기
5. 메뉴관리
6. 향신료

제1부

서양 요리 이론

우리에게 있어 서양요리라 함은 주로
미국식 요리를 연상하게 되는 경우가 빈번하다.
이것은 우리나라의 서양요리가 프랑스를 중심으로 한 유럽식 요리가 들어온 것이 아니라,
일제 식민지일 때 일본식 서양요리를 통해 그 역사가 시작되었고,
해방 후에는 미국의 영향을 더 받았기 때문이다.

Basic Western Cuisine

01/ 서양요리의 개요

1. 음식문화의 역사

인간이 지구 위에 등장한 것은 200만 년가량 된 일이고, 근본적으로 현대인과 같은 인류가 나타난 것은 10만 년이 조금 넘는다. 그리고 1만 년 전까지만 해도 모든 사람은 동물의 사냥꾼이자, 식물의 채집자였다. 자연에 의지해서 먹을거리를 구했던 것이다. 사냥꾼이자 채집자였던 기나긴 세월 동안, 초기 인류는 분명 거의 모든 동물과 식물을 먹어 보았을 것이다.

인류가 지구상에 존재하면서부터 시작된 음식의 역사는 인간이 지닌 사고능력을 통해 하나의 문화로서 형성되어 왔다. 문화를 뜻하는 영어의 'Culture'나 독일어의 'Kultur'는 라틴어인 'Cultus'에서 유래된 것인데, '밭을 갈아 경작하다'라는 의미로서 노동력을 가하여 자연으로부터 수확한다는 의미이다. 이것이 시대가 변하면서 '가치를 상승시키다'는 뜻을 갖게 되었고, 오늘날에는 하나의 생활양식이라는 의미로 변화되었다. 인류학적인 측면에서 린톤(Linton)은 문화를 "특정 사회의 성원들에 의해 공유되고 전승되는 지식, 태도 및 습관적인 행위 유형의 종합"이라고 정의하였고, 허스코비츠(Herskovits)는 "환경 중에서 인간에 의해 만들어진 부분"이라고 정의하였는데, 문화 중에서도 음식문화는 인간생활의 기본 요소인 의식주 중 가장 중요한 부분으로써 자리매김하고 있다.

인간생활의 기본 요소인 의식주는 어느 한 분야라도 중요하지 않은 부분이 없겠지만, 인간은 식생활을 통해서 삶의 원동력인 에너지를 공급받고 건강한 일상의 생활을 영위함으로써 건전한 문화 발달을 형성한다는 측면에서 식생활의 의미는 매우 중요하다고 할 수 있을 것이다.

인류의 식생활은 불의 사용과 더불어 비약적인 변화와 발전을 가져왔다. 인간은 자기 환경 속에 제각기 독특한 조리법을 개발, 전승해 오고 있는데 현대적 의미의 조리를 "The art of preparing dishes and the place in which they are prepared(음식을 준비하는 공간과 예술적 기능)"이라고 하여 장소적 의미와 기술적인 의미를 모두 내포하고 있음을 알 수 있다.

현대적 의미에서 조리는 식품을 맛있게 먹을 수 있도록 만들어 내는 과정을 지칭하는데, 식품이 함유하고 있는 영양소를 미각적으로 맛이 있게, 위생적으로 안전하게, 시각적으로 보기 좋게, 그리고 영양적으로 손실이 적게 섭취할 수 있도록 하는데 그 목적이 있다.

2. 서양요리의 역사

우리에게 있어 서양요리라 함은 주로 미국식 요리를 연상하게 되는 경우가 빈번하다. 이것은 우리나라의 서양요리가 프랑스를 중심으로 한 유럽식 요리가 들어온 것이 아니라, 일제강점기 때 일본식 서양요리를 통해 그 역사가 시작되었고, 해방 후에는 미국의 영향을 더 받았기 때문이다.

동양요리가 농경문화에 바탕을 두고 있다면 서양요리는 목축문화에 그 뿌리를 두고 있다고 할 수 있다. 농경문화에 바탕을 둔 동양요리는 가공 단계가 단순하고 요리의 성격이 섬세하다. 반면에 서양요리는 농사를 짓지 않는 것은 아니지만 동양과 비교한다면 상대적으로 목축에 기반을 둔 육류요리가 많다. 때문에 가공단계를 거치지 않으면 부패를 가져오기 때문에 여러 공정에 걸쳐 가공함으로써 다양한 부산물이 생겨나고, 이것들이 다시 새로운 요리의 재료로 제공되기도 한다.

식품재료 사용이 광범위하고 배합이 용이하며, 식품조리에 따른 음식의 색, 맛의 변화, 담기 등이 합리적이다. 맛과 영양을 보충하기 위해 소스를 사용하며 조미료는 요리를 만든 후에 개인의 식성에 따라 조절할 수 있도록 테이블 위에 소스, 소금, 후추, 버터 등이 제공된다.

신석기 시대의 농업 기술발달은 인간 생계를 위한 농업 생산을 앞지르게 되었다. 특히, 나일강 삼각주를 중심으로 한 비옥한 토지는 부의 축적을 가능하게 하였다. 이렇게 생산된 잉여 농산물을 화폐로서 사용하기도 하였고, 배를 채우는 단순한 음식이 아닌 맛을 즐기는 요리의 차원으로 발전하여 갔다.

인간의 식생활 변화는 불의 발견과 더불어 급속하게 발전되었다고 볼 수 있다. 우연한 기회에 불을 접하게 된 인간은 몸을 따뜻하게 하기 위하여 불을 사용하였으며, 불에 익힌 고기가 날것보다 연하고 맛있다는 것을 알게 되면서 이 맛을 즐기게 되어 조리법으로 불이 이용되기 시작하였다.

1) 고대 그리스

고대 그리스인들은 하루에 네 끼의 식사를 하였었고, 이들이 주로 즐겨 먹던 것은 돼지고기와 양고기에 오레가노(oregano)와 큐민(cumin) 같은 향이 독특한 허브를 곁들여 사용한 것으로 전해져 내려온다. 특히 주위에서 생산되는 올리브 오일과 꿀, 산양의 젖, 호두와 같은 견과류를 가미한 케이크가 이미 이 당시에 식탁에 올려졌다.

고대 그리스는 건조한 기후 때문에 이런 환경에서도 잘 자라는 양배추나 렌틸(lentil)과 같은 채소를 식이요법으로 사용하였고, 지정학적으로 바다로 둘러싸여 있어서 참치와 가자미, 문어, 도미 등 풍부한 해산물을 이용한 요리가 많고, 이것들을 저장하기 위한 방법으로 소금에 절이는 염장법을 흔히 사용하고 있었다. 육류로는 사육되는 돼지나 양 외에도 야생에 서식하는 여우, 사슴, 토끼, 심지어는 고양이까지도 식용으로 사용하였다.

고대 그리스인들이 즐겨 마신 음료로는 '하이드로멜(Hydromel)'이라는 발효되지 않은 벌꿀을 가미한 물로써 언제 어디서나 마실 수 있도록 물통에 넣어 다니곤 하였다. 그렇지만 B.C.2000년경부터는 이것이 와인으로 대체되었다. 이 당시에 와인은 대단히 강한 것으로 항상 물에 희석시켜서 마시고 때때로는 바닷물도 사용하였다고 전해지고 있다.

고대 그리스가 이처럼 요리 발전을 이룰 수 있었던 것은 지형적으로 온화한 기후와 귀족사회에 바탕을 둔 노예제도가 성립되어 있었으므로 요리를 전적으로 담당하는 분업이 이루어질 수 있었기에 가능했을 것이다.

2) 로마 시대

로마 시대야말로 서양요리의 전성시대라 할 수 있다. 로마의 거대한 국력을 바탕으로 한 부의 발전은 상류층의 요리에 대한 관심을 불러일으켰다. 로마 시대에는 요리에서 필수적 3대 요소라 할 수 있는 미식가, 요리사, 그리고 풍부한 식재료가 갖추어져 있었다. 그 결과 현대에 와서도 로마 시대의 요리법이 전수되어 내려오고 있다.

로마 시대에 요리가 발전할 수 있었던 또 다른 요인으로 그리스의 풍부한 문화를 기반으로 한 로마인들의 식생활습관과 더불어 중국의 실크로드를 통하여 들어온 아시아의 새로운 요리 기술과 방법, 그리고 재료가 어우러졌기 때문으로 분석된다. 로마 시대 만찬장을 묘사한 그림에서 중국식 광동 지방의 요리가 나타나는 것을 보면, 이미 어느 정도 중국식 요리가 미식가들에 의해서 즐겨지고 있었다고 볼 수 있다. 이 당시의 연회 행사 그림을 보면, 요리와 소스 등 모든 음식들이 먹기 위해서라기보다는 사치스럽고 낭비적인 요소가 다분하다.

로마의 초기 정복자들은 자신들의 권력을 과시하기 위한 방법으로 거듭되는 연회행사를 치렀고, 당시에 풍부했던 낙타나 산돼지 등을 통째로 구워서 많은 사람들이 즐겼다.

초기 로마 제국의 요리는 육류 외에도 보리와 콩가루를 이용한 죽 종류가 유행하였고, 요리에 예술적인 면을 강조하는 제빵 기술자들이 대거 등장하는 시기이기도 하다.

점차 로마의 국력이 강해지고 국가로서의 기반이 견고해지면서 아시아와 주위 여러 나라 정복에 나섰던 군인들의 귀환으로 더욱 새롭고 다양한 요리들이 로마에 소개된다. 이때에 옥수수가 이집트로부터 들어오고, 올리브 오일은 스페인, 햄은 골(Gaul: 고대 프랑스 지역), 향신료는 아시아로부터 들어와 요리의 전성기를 맞게 된다.

부유한 로마 사람들은 말 그대로 대식가였다. 이들은 지속적으로 요리를 즐기기 위해 많은 음식재료와 주방 시설, 그리고 요리사가 필요하게 되었다. 연회행사를 치르기 위해서 요리에 대한 기본 준비와 객관적인 요리에 대한 정보가 원활히 교류되기 위한 방편으로 양목표가 자연스럽게 생겨나게 되었다.

3) 중세의 요리(476~1453)

역사학자들은 중세의 요리가 사라센(Saracen : 중세의 유럽인이 서아시아의 이슬람교도를 부르던 호칭)의 영향을 크게 받았으리라 생각한다. 그런데, 사라센의 요리법이 고대 그리스에서 건너간 것임을 생각한다면 중세 요리는 고대 그리스 요리의 변모된 모습일 것이다.

11~13세기 십자군 전쟁에 참가했던 십자군 중에 일부 군인들이 유럽에서도 구경도 못해본 귀한 음식재료를 가져왔는데, 설탕이나 아몬드, 피스타치오, 시금치가 그것들이다. 또한, 십자군의 귀환 이후로 향신료의 사용이 더욱 확대되어 고

기의 냄새를 감추는 데 사용하였다. 중세 시대에 사용된 향신료에는 샤프란(Saffron), 생강(Ginger), 넛맥(Nutmeg), 클로브(Clove), 계피(Cinnamon) 등이 있는데 향신료 간의 상관관계에까지 관심이 미치지는 못하였으며, 단편적으로 사용하였다. 반면에 중세 시대에 들어와서는 소스를 만들 때 베르 주스(Ver jus; 덜 익은 포도로부터 추출한 달지 않은 액체)나 식초가 사용되었으며 오렌지나 레몬주스가 사용되기도 하였다.

이 당시에는 육수를 사용하는 방법이 미처 알려지지 않았지만 육류나 생선의 즙에 빵가루, 아몬드, 달걀노른자를 섞어 소스를 만들었다. 이를 통해 중세의 사람들이 농후제(Liaison)에 대한 기본적인 개념을 갖고 있었음을 알 수 있다.

중세 초기 시대와 고대 시대를 구별 짓는 것은 음식을 구워 먹는 방법이 오히려 퇴보되었다는 점이다. 다시 말해서 고대 시대에는 약한 불이나 가마솥에 굽는 방법을 알았지만, 중세에는 더는 커다란 화덕에 장작더미를 넣고 굽는 그런 요리 방법은 사용하지 않았다. 13세기 초에는 건축가들이 주방 안에 조리대를 설치하기 시작했으며, 13세기 말경에는 가마솥에 굽거나 소스를 곁들여 구미를 돋우는 요리 방식을 채택하였다. 또 이 시기에는 음식재료가 풍부했고 식사 전에는 과일도 먹었다. 로마인들은 그리스인들의 요리보다 더욱 섬세하고 맛있는 그들 자신의 요리를 개발하였으며, 연회나 식도락적인 축제가 발전하였다.

4) 르네상스 시대 이후의 요리

서양요리는 유럽식 요리를 지칭하는데, 서양요리의 근간을 이루는 것이 바로 프랑스 요리이기에 서양요리의 역사를 이해하기 위해서는 프랑스 요리의 발전 과정을 살펴볼 필요가 있다. 16세기 초까지 프랑스 요리는 다른 유럽 국가들의 요리와 별 차이가 없었다. 그러나 1533년 이탈리아 메디치 가문의 공주 까뜨린느가 프랑스의 앙리 2세에게 시집을 오면서 함께 대동한 궁중 요리사들에 의해 당시 프랑스 요리보다 여러 면에서 발달했던 이탈리아 요리를 프랑스에 전파시키게 된다. 이를 계기로 프랑스에서는 요리의 르네상스가 시작된다. 그 후 프랑스 요리는 그들의 예술적 감각과 뛰어난 품질의 포도주, 그리고 다양하고 신선한 음식재료 등을 이용하여 계승 발전되었다. 프랑스 요리에 있어 체계적인 발전의 계기는 오귀스트 에스코피에(Auguste Escoffier)의 출현이라 할 수 있겠다. 그는 복잡하고 많은 인력과 넓은 공간을 요하는 고전요리가 산업혁명과 더불어 일기 시작한 시대적 변화와 조화를 이루기 위해서는 조리기술과 형태, 서비스의 방법 등을 현대화하는 것이 필요하다고 인식하여 조리의 과학화를 주장하였다.

20세기에 들어서면서 새롭게 일어난 요리계의 바람이 있었으니, 바로 누벨 퀴진이었다. 이는 1872년 요리평론가인 H.Gault와 C.Millau에 의해서 처음 선언되었다. 이 두 젊은이는 의기투합하여 《고에미요》라는 요리 전문잡지와 레스토랑 가이드북을 선보인다. 《고에미요》는 《미슐렝 가이드》와 더불어 프랑스 레스토랑 가이드북의 양대 산맥으로 일컬어진다. 누벨 퀴진에 대한 두 사람의 주장은 이전까지 기름지고 복잡하며 많은 시간을 필요로 하던 전통적 조리방법에서 탈피하여 신선한 재료를 가지고, 단순한 조리법으로 조리하여 재료의 본연의 맛을 살리며, 가벼운 소스와 영양학적인 측면도 고려한 요리를 만들 것을 주창하였다. 누벨 퀴진은 당시 프랑스 요리계에 일어난 하나의 혁신적인 운동이었고, 이런 노력으로 오늘날까지 프랑스 요리는 서양요리의 대명사로 자리매김할 수 있었다.

그 요리의 역사 속에서 각 시대를 빛낸 몇몇 인물에 대해 알아보자.

◉ 까렘 마리-앙뜨완느(Careme Marie-Antoine)

1783년 파리에서 출생하여 50세를 일기로 사망하였다. 프랑스의 요리사이자 제과사였다. 가난한 석공의 아들로 태어나 16세에 파리의 유명한 제과업자들 중의 하나인 비엔느(Vienne)가에 있는 발리 (Bally) 가게에 수련생(apprentice)으로 들어가 수년간 일하면서 실력을 쌓았고, 왕립도서관 판화실에 들어가 건축모형 사본을 뜰 수 있도록 허락을 받았으며, 그가 만들어낸 모형들 중 어떤 것들은 발리 가게의 중요한 고객인 나폴레옹 1세로부터 찬사를 받았는데, 그것은 피에스 몽떼

(Piece monte)라 불리는 웨딩케이크였고, 당시 연회의 인기 품목으로써 빠져서는 안 되는 것이 되었다. 그는 조리사, 제과사일 뿐만 아니라 이론가이기도 했으며, 역사에 대한 일가견도 가지고 있었다. 그의 말년은 극히 불행하였는데, 1833년 1월 12일 사망했다.

⊙ 뀌르논스키(Curnonsky)

본명은 모리스·에드몽 싸이앙이다. 그는 미식가의 왕자라 불리었는데, 몽펑시 공작의 비서이며 작가이기도 했던 그는 전 세계를 다니며 지구상의 모든 요리를 식별하는 법을 배웠다.

⊙ 오귀스트 에스코피에(Auguste Escoffier)

1846년 빌너브 루베(Villeneuve·Loubet)에서 출생하여 1935년 몽떼 까를로(Monte Carlo)에서 89세를 일기로 생을 마쳤다. 그는 13세 때 부친이 학교를 그만두게 함으로써 숙부가 개업한 프랑쉐라는 요리점에서 조리사로서 일을 시작하였고, 그 후 파리의 르 프치 물랑 루즈에서 일하였다. 그는 키가 몹시 작았기 때문에 오븐의 불꽃으로부터 머리를 보호하기 위하여 항상 굽 높은 목제 구두를 신고 다닌 것으로 유명하였다. 지금도 유럽의 조리인들이 조리장에서 목제구두를 신고 있는 것도 그의 흉내를 내는 것이다.

그의 위대한 업적은 그의 동료 필레아 질베르(Phileas Gillbert) 및 에밀페튀(Emile Fetu)와 함께 저술한 《르 기드 뀔리네르(Le guide culinaire)》라는 조리 책으로 고전 프랑스 요리를 개혁한 '현대 조리법의 신약성서' 라고까지 일컬어질 정도로 지대한 평가를 1세기가 지난 현재까지도 계속 받고 있다. 그는 이 책을 통하여 지금까지의 경험에 의한 요리를 정확한 양의 수치를 이용하여 요리 만드는 법을 소개함으로써 현대 조리 서적의 기본적인 기초를 확립하였다.

에스코피에는 리츠가 관리하는 유명한 호텔들 초기에는 몽테 까를로에 있는 그랜드 호텔과 로센에 있는 내셔날호텔, 후기에는 런던과 파리에 있는 리츠가 관리하는 호텔들의 요리 담당 중역으로 리츠와 함께 일함으로써 그는 요리사로서 크게 성공하였다. 그는 뛰어난 창조력을 예술성으로 연결해 당시 권력자와 거부들 및 연예계의 유명한 인사들과 친분을 거쳐 그의 재능을 빛나게 하였으며, 특히 오페라 가수들을 위하여 만든 요리로써 오스트레일리아의 Dame Nelie Melba를 위하여 patti Melba와 Poire coupe melba를, Adelina Patti를 위하여 Poularde Adelina Patti를, 그리고 유명한 여가수 Sarah Bernhardt를 위하여 Fraise Sarah Bernhardt를 만들었다고 하며, Ice Carving에도 일가견을 가지고 있었다고 한다.
오늘날 우리가 접하고 있는 주방의 시스템을 창시한 사람도 그였으며, 프랑스 식당 주방의 운영이 세분화되어 있던 것을 통합, 조정, 운영을 시도하여 성공한 것도 그의 아이디어였고, 뒤부아(Dubois)의 러시아식 음식 서비스 방법을 도입하여 현재의 음식 서브 순서를 창안한 사람도 그였다.
1966년 그가 태어난 집이 조리예술박물관으로 개조되었다. 오늘날 저명한 요리 전문가와 미식가 및 요리 연구가 등 요리책을 쓰는 사람, 그리고 요리를 직접 만드는 조리사까지 그가 만들어낸 조리법을 이용치 않는 사람은 단 한 사람도 없다.

⊙ 폴 보퀴즈(Paul Bocuse)

1756년부터 프랑스 사온(Saone) 강가에 자리 잡은 유명한 식당을 경영해 왔다. 그런 가정에서 항상 음식을 접하며 자란 그에게는 천부적인 재능이 있었다. 5대조 할아버지인 미쉘 보퀴즈(Michelle Bocuse)부터 시작한 작은 카페가 프랑스 리옹(Lyon)을 대표하는 그를 만들어 내었다. 그의 사례를 보면 프랑스처럼 오랜 역사를 가진 나라들은 가업을 매우 중시한다는 사실을 알 수 있다. 유명한 외식 사업자인 조르쥬의 아들인 폴은 "페르낭 뿌앙(Fernand Point)"이나 "뤼까스 까르통(Lucas Carton)"같은 유명 레스토랑에서 견습을 했다. 견습을 마친 그는 유명하지는 않지만 역사가 오래된 자신의 가족 레스토랑으로 돌아왔다. 그는 이 가족 레스토랑을 성공적으로 운영해, 리옹 지방을 미식의 메카로 만들었다. 누벨 퀴진이라는 요리법과 함께 정통 프랑스 요리를 재검토하는 데 주력하여 세계인에게 프랑스의 정통 요리법을 전파시켰고, 특히 트러플(송로버섯)로 만든 그의 레서피는 1980년대에 선풍적인 인기를 끌었다.

모든 요리는 먹는 사람을 위해 진심을 다해 만들었을 때 그 빛을 발한다. 우주인을 위한 프로젝트로 알약 하나만으로 모든 영양을 섭취할 수 있는 시대가 왔지만, 맛의 세계에 질서와 미를 추구하면서 미각에 역점을 두어 새로운 맛을 창조하고 재창조하는 요리사들은 한 시대와 한 문화를 대표하는 음식문화의 첨병으로서 그 역할을 계속해 나갈 것이다.

3. 한국에서의 서양요리

우리나라에 서양요리가 언제 어떻게 전해졌는지는 정확히 알 수 없지만, 개화기 정도로 미루어 짐작할 수 있을 것이다. 한국에 있어서 서양요리의 변천사는 호텔의 발달사와 밀접한 관계가 있다. 1888년 인천에 외국인을 상대로 한 최초의 호텔인 '대불호텔'이 일본인에 의해 건립되었다. 이때부터 서양요리가 공식적으로 한국에 첫선을 보였을 것으로 짐작된다. 1883년(조선 고종 20) 주미 전권공사로 미국에 간 민영익과 그 수행원 유길준 등이 서양요리를 맛본 첫 번째 인물이고, 1895년 러시아 공사 K. 베베르 부인이 서양요리를 손수 만들어 러시아 공사관에 파천 중이던 고종에게 바쳤다는 기록이 있다.

궁중에 서양요리의 바람이 인 것은 베베르의 처형인 손탁(Sontag)의 영향 때문이었다. 1897년 이후 그녀가 손탁호텔을 운영하면서부터 상류사회에 서양요리가 보급되어 주미 대리공사를 지낸 이하영은 집에 서양요리 숙수를 고용할 정도였다.

문호가 개방되면서 자연스럽게 서양요리도 흘러들어와 이 땅에 상륙하게 되는데, 최초로 본격적인 서양식 요리를 한 곳은 1902년 10월에 독일인 손탁이 정동에 세운 손탁호텔에 출현한 프랑스 식당이다.

1914년 3월 조선호텔이라는 본격적인 서구식 호텔이 생기면서 한국의 서양요리도 더불어 발달하게 된다. Banquet(연회)이 빈번해지고, 서울역에 1925년 Grill이라는 철도식당이 생기면서 서양요리기술 발달

에 기여한다. 1930년에는 국내 최초로 서양 요리책이 발간되었고, 일제강점기에는 각 학교 가사 시간에 서양요리를 가르쳤으며 8·15 광복 이후 오늘날까지 우리 식생활에서 큰 비중을 차지하게 된다.

1936년 개관한 목정호텔과 대중을 위한 상용호텔 양식을 도입한 대형 호텔이 건립되어 부속식당을 갖추어 서양요리를 판매하였다는 기록이 있으며, 미국을 비롯한 구미 제국과 외교관계를 맺으면서 구미인들의 한국 여행이 증가하고 미군이 이 땅에 주둔하면서부터 우리는 미국 음식이 서양요리의 근간이라는 잘못된 인식을 하게 된다.

완만한 도입기에 비해 성장기에 들어서면서부터 우리나라의 서양요리는 급속하게 변화하기 시작한다. 이러한 모습은 1986년 아시안게임과 1988년 올림픽의 영향이 컸다고 볼 수 있다.

두 행사를 중심으로 서울을 비롯한 전국에 대형 호텔들이 건립되었고, 수요에 대한 공급의 일환으로 양질의 서비스 조리 인력이 양성되기 시작하였다. 그리하여 국내 서양요리는 질적인 면은 물론 양적인 면에서도 그 규모를 예측할 수 없을 정도로 빠르게 성장하였다.

그 후 1990년대를 거쳐 2000년대에 오면서 보여준 서양요리의 특징은 다양성이었다. 경양식으로 대변되던 1980년대의 서양요리와는 다르게 정통 이탈리아식, 프랑스식을 중심으로 유러피안 퀴진과 미국식 서양요리가 점점 확산되기 시작하였다. 특히 대형 호텔 고급 레스토랑에서나 맛볼 수 있었던 서양 정찬 요리들을 판매하는 전문 레스토랑들이 속속 등장하면서 서양요리에 대한 음식문화는 계속해서 그 꽃을 피워가고 있다.

02/

조리인의 자세와 주방의 안전위생

1. 조리인의 자세와 업무 태도

1) 조리인의 자세

조리사란 여러 가지 음식재료를 혼합하여 고유의 맛을 유지하는가 하면 새로운 방법으로 독특한 맛을 창조하는 사람을 말하며, 조리사는 음식을 잘 만드는 것은 기본이고, 새로운 메뉴를 개발하거나 음식을 아름답게 장식하는 등의 창의성이 필요하다.

인류가 음식을 소비한 단계를 살펴보면 기아를 모면하기 위해 연명의 대책에서 출발하여 점차 식생활로 인식되었고, 그 후는 선택의 단계인 식도락의 단계를 거쳐 최근에는 자기만족을 위한 예술의 단계로까지 발전하고 있다. 이와 같이 현대적인 의미의 조리는 손님들의 먹는 즐거움을 위해 그 과정을 최상의 단계인 예술행위로까지 확대 해석하고 있다.

음식의 맛이라는 것은 결국 각 재료의 성분들이 결합해 화학적인 반응을 일으킨 결과물이므로 어떤 양념이 어떤 재료와 결합했을 때 가장 이상적인 맛을 내며, 어떤 조리 원리로 가장 먹음직스런 색을 낼 수 있는지 명백한 과학적 근거가 있어야 한다. 조리사는 그 원리를 깨우치기 위한 탐구 자세가 필요하며, 식품을 위생적으로 안전하게 시각적으로 보기 좋게, 미각적으로 맛있게, 영양학적으로 영양 손실을 최소화시키며, 경제적으로 절약하는 자세가 필요하다.

(1) 조리사에게 필요한 기본자세

① 예술가로서의 자세

조리는 우리 인간의 기본적 욕구를 충족시켜 주는 창작행위인 것이다. 이러한 점에서 모든 조리인은 예술가라는 마음가짐을 갖고 작업에 임해야 한다. 요리 하나하나에 예술적 감각을 살려서 작품을 만들어 내기 위해 조리 이론뿐만 아니라 기술 습득은 물론 미적 감각의 배양을 위해 꾸준히 노력해야 한다.

② 인내하며 연구하는 자세

다양한 근무 여건에 적응할 수 있는 체력과 인내심은 요리가 예술로 승화하는 데 필요한 중요 덕목이다.

③ 절약하는 자세

경제적으로 업장을 운영하는데 일조하기 위해서는 절약하는 정신과 실천이 필요하다.

④ 협동하는 자세

조리란 주방에서 행해지는 공동 작업으로 동료 및 상하 간에 서로를 존중하고 협동하는 마음으로 작업에 임해야 하며, 인화 단결하는 작업 분위기를 조성하기 위하여 솔선수범하는 자세가 필요하다.

⑤ 위생관념에 철저한 자세

조리사의 위생 상태는 고객의 건강과 직결되므로 항상 개인위생 및 주방위생, 식품위생에 주의하여야 한다.

2) 조리의 중요성

인간의 기본 생활을 이루는 3대 요소인 의식주 중에 가장 으뜸이라 할 수 있는 음식에 해당하는 조리는 위생적인 측면과 사회적인 측면에서 중요하다 하겠다.

(1) 위생적 측면

인류 질병의 80%가 소화기질환으로서 직·간접적으로 식생활과 관련이 되어 있기 때문에 조리의 위생적 측면은 절대적으로 중요하다. 위생은 사회 전반적인 문제로 개개인이 올바른 지식을 가지고 스스로 실천할 수 있어야 하며, 위생개념에 관한 교육 훈련이 이루어져야 한다.

(2) 사회적 측면

국가 경제가 급속도로 발전함으로 인해 소득수준이 높아지고 식생활이 점차 서구화되어 짐에 따라 성인병이 나날이 증가하고 있다. 따라서 요리에 있어서도 전근대적인 조리방법을 지양하고 사회 변천의 흐름을 정확히 파악하여 그 시대 환경에 맞는 조리법이 개발되어야 한다.

2. 조리사와 주방 안전위생

외식업에서 위생과 안전관리는 매우 중요한 문제이다. 현대인들은 여유 있는 경제생활을 즐기고 편리함을 추구하기 때문에 외식을 즐기는 횟수가 급격히 증가하고 있다.

인간들만이 즐길 수 있는 즐거움 가운데 가장 큰 즐거움은 먹는 즐거움이라고 한다. 그래서 좋은 일이 있으면 한턱내라고 하고 또 한턱내는 것으로 되어 있다. 이 한턱낸다는 말은 먹을 것을 제공한다는 뜻이 될 것이다.

음식이란 우리가 섭취하여 건강을 보호하고 생명을 유지시키는 것인데, 쓰레기를 옆에 놓고 음식을 먹을 사람도 없을 뿐더러 더욱이 먹으면 죽을 수도 있는 상한 음식을 시한 폭탄을 옆에 놓고 먹으며 즐긴다는 것은 상상조차 할 수 없는 일이다.

조리사 자신뿐만 아니라 주방 곳곳을 깨끗하게, 그리고 위생적으로 관리하는 것은 외식업에서 가장 중요한 관리 덕목 중 하나이다.

1) 개인 위생관리

(1) 위생교육의 필요성

외식업의 위생관리는 안전하고 위생적인 음식을 제공하는 것과 더불어 청결한 업소의 분위기를 손님에게 제공하는 것을 주목적으로 한다. 이러한 위생관리를 올바르게 실시하고 추진하기 위해서는 그 업소 직원들의 위생교육이 필수적으로 따라야 한다. 이는 외식업소를 방문하는 손님들에게 식중독이 일어나는 경우에 있어서, 그 원인이 조리 과정에서의 불결한 취급 또는 제공하기 전까지의 음식물 보존 상태가 부적절함으로써 발생하는 2차 오염에 기인하기도 하겠지만, 음식물을 다루는 직원이 전염병 등의 양성자이거나 보균자였기 때문에 최종 음식물에 유해한 인자를 가져오는 경우도 있기 때문이다.

(2) 위생교육의 방식 및 지도

교육의 방법으로는 업소의 규모, 특히 직원의 수나 일용직의 비율, 그 수준 등을 고려하여 결정하여야 하지만 업무를 시작하기 전 주기적으로 훈화 형식 또는 강의 형식 등으로 교육을 실시하는 경우가 많다. 예를 들어 강의 형식으로 행할 때에는 슬라이드, VTR 등 시청각교육 교재나 기구를 이용하면 유효한 점이 있다. 적당한 기회를 얻어 현장에서 실기 지도를 가하면 직원들로부터 구체적인 이해를 얻을 수 있다.

또 업소 내에서 직원들의 체험을 서로 소개할 수 있는 발표회를 개최하는 일도 직원의 위생관리 의식을 적극 높이는 데 도움이 될 것이다. 필요에 따라

서 '직원의 위생에 관한 마음가짐' 또는 '근무 시 위생상 주의사항' 등을 제목으로 하는 작은 인쇄물을 배포하여 주방이나 휴게실 등 눈에 띄기 쉬운 곳에 게시하는 것도 하나의 방법이다.

(3) 건강교육

직원의 건강 병력 중에서도 특히 장 관계 감염병(이질, 장티프스), 식중독(세균성) 및 피부의 화농병(황색포도상세균에 의한 것) 등은 그 원인균이 제품을 2차 오염시킴으로써 먹는 이에게 감염병이나 식중독을 일으키는 원인이 될 소지가 있다. 따라서 그러한 환자나 보균자를 음식의 취급 작업에 종사하게 하는 것을 금지한다.

또 직원의 가족이나 동거자에 법정전염병 환자가 있거나 그러한 의심이 들 경우, 혹은 보균자가 발견된 경우에는 직원 자신이 보균자가 아닌 것이 증명될 때까지 외식업소에 관련된 업무에 종사하는 것을 금지시키고 있다는 사실을 확실히 주지시킬 필요가 있다.

직원의 건강교육도 위생교육의 일환으로 계획적으로 실시할 필요가 있는데, 특히 건강교육에 관련하여 위생적 습관, 신체의 청결 유지, 청결한 복장 등도 아울러서 지도해야 한다.

2) 신체의 청결 유지

(1) 손의 청결

신체 중에서도 특히 손은 직접 음식에 접촉되는 부위로서 그 청결 유지가 중요시된다. 손가락, 손바닥의 각 부분에는 다수의 세균이 부착, 오염되기가 쉬우므로 이것을 그대로 방치하여 식품 취급이나 조리 등에 종사하는 것은 아주 위험하다.

식품의 취급 작업에 들어가기 전에 직원은 철저한 손 씻기, 소독의 과정을 거치도록 한다.

(2) 손 씻는 시기

식품에 직접 접촉하는 작업을 하는 조리사는 다음의 경우 반드시 손의 세정 및 소독을 한다.

① 업무 시작 전과 업무 후

② 미생물에 오염되고 있다고 생각되는 용기, 기구 등에 접촉한 경우

③ 오염 작업구역(원재료의 취급, 전처리 등)으로부터 비 오염 작업구역(청결구역, 준 청결구역)으로 이동할 경우

(3) 손의 세정, 소독방법

손의 세정은 일반적으로 비누(액상 또는 고형)로 세정하고 충분히 헹구어 씻은 후 소독용 알코올로 소독을 한다. 때로는 희석한 역성 비누액을 세면기 등의 용기에 넣고 이 속에 거즈나 타올을 넣어두고 비누로 세정, 헹굼을 한 후 세면기에 손을 담구어 그 속의 거어즈를 짜서 손을 닦는 방법을 들 수 있다. 이때 역성비누는 100배(0.1%) 또는 200배(0.05%)를 이용하는 경우가 많다. 그러나 식중독의 원인균 중의 하나인 황색포도상구균의 살균에는 불충분하므로 1%의 용액 중에서 30초간 담그는 방법을 권장한다.

손의 세정, 소독은 다음과 같이 행할 것을 권장한다.

① 비누를 손에 칠하고 거품을 낸 다음 손톱 브러시 등으로 정성스럽게 때를 제거한다.

② 비누를 거품 나게 한 후 흐르는 물로 충분히 씻어 내린다.

③ 물에 젖은 손에 역성비누의 원액을 2~3방울(0.3~0.5ml) 정도 떨어뜨려 그것을 손에 넓게 퍼지도록 문지른다.

④ 종이 타올 또는 온풍으로 손을 말린다.

(4) 손의 보호

거칠어진 손은 황색포도상구균의 온상이 되기 쉽다. 세제에 의해서 손이 거칠어지는 작업, 무수한 작은 상처가 손에 생기는 작업, 칼로 상처 나기 쉬운 어패류의 조리 작업 등은 손이 거칠어지는 증상이 많은 작업들이다. 이를 사전에 방지하기 위하여 아래와 같은 사항들을 준수한다.

① 세정제 등은 적정 농도에서 사용한다.

② 용기, 기구 등의 세정에 세제를 사용할 경우, 맨손으로의 작업은 피하고 반드시 고무, 플라스틱 장갑을 사용한다.

③ 고무장갑에 알레르기가 있는 사람은 그 안에 목제품의 장갑을 착용하면 좋다.

④ 손을 잘 씻고 헹구어 세제 성분이 남지 않도록 한다.

⑤ 손의 물기를 제거한다.

⑥ 핸드크림으로 손을 잘 문질러준다.

⑦ 손을 잘 마사지하여 혈액순환을 좋게 하고 피하의 성분을 보충한다.

⑧ 손을 가능한 한 청결히 유지한다.

3) 복장과 위생적 습관

직접 식품에 접하는 작업에 임하는 직원들은 항상 청결한 유니폼, 조리복을 착용하고 특히 주방의 경우에는 그물망의 모자 또는 삼각 두건을 머리에 착용하도록 한다. 복장은 항상 세탁을 하여 청결하게 유지하고, 업소의 책임자는 복장과 신발의 오물 등에 주의하여 이들이 식품의 2차 오염원이 되지 않도록 감시, 지도한다.

주방처럼 많은 사람들이 모여 공동작업을 하는 장소에서는 다른 이들에게 불쾌감을 주는 행동은 작업환경이나 인간관계상으로도 바람직하지 않다. 직원의 행동은 위생적인 측면에서 긍정적인 행동과 부정적인 행동으로 평가될 수 있는데, 위생

상 좋은 습관이 몸에 배도록 직원 자신이 항상 노력해야 한다.

4) 공중위생

주방은 조리작업의 특성 때문에 100% 열효율이 안 되는 가스를 주요 연료로 사용하므로 외부로의 방열이 높고, 주방의 습기와 아울러 고온다습의 작업환경을 가지고 있다. 따라서 호스로 물을 뿌려 청소하는 습관에서 강력한 세척기로 바닥을 건조하게 하는 기기 사용에 대한 검토가 필요하며, 배수가 잘되게 하고 수증기 발생을 강력하게 막는 장치의 보완 등 여러 가지 안전관리가 필수적으로 요구된다.

5) 주방 직원의 안전관리

주방에서 작업을 할 때 가장 중요하게 지켜야 하는 최소한의 사항은 안전을 위한 대책이다. 그것은 안전을 위해서만이 아니라 항상 질적으로 동일하게 조리작업을 하기 위해서라도 중요한 사항이다. 따라서 안전대책으로는 만일의 사고가 발생했을 경우를 위한 대응책까지 미리 정해두지 않으면 안 된다.

- 바닥은 항상 물기가 없는 상태로 만든다. 만약 물이 바닥에 흘렀거나 엎질렀다면 즉시 제거한다. 더군다나 기름을 떨어뜨렸다면 반드시 세제를 사용하여 닦는다. 물론 식품과 그 밖의 쓰레기가 떨어졌다면 바로 줍는다.
- 신발은 미끄러지기 쉬운 가죽창이나 부드러운 고무창이 아닌 딱딱한 재료의 바닥재를 가진 신발이어야 한다.
- 주방에서 전기를 사용하여 모든 기구에 대한 전원 스위치가 어디에 있는지 기억해 둔다.
- 적정한 온도가 지정되어 있는 기구는 그것이 몇 도인가 기억해 두어야 한다. 적정한 온도의 범위를 벗어나 있으면 즉시 보고한다. 이것은 안전을 위해서뿐만 아니라 동시에 온도관리를 위해서도 중요하다.

- 기름을 넣어 튀기는데 이용되는 용기는 특히 신중히 취급해야 한다. 그리고 특별히 주의하지 않으면 안 되는 것은 기름을 거르거나 갈아 놓을 때이다. 튀김을 할 때는 최고 상한 온도를 알아 두어서 그 이상의 온도가 되지 않도록 한다. 용기가 비었을 때는 완전히 청결하게 마른 상태로 해 놓는다.
- 튀김용기를 운반할 때는 절대로 뜨거운 기름을 넣은 상태여서는 안 된다.
- 튀김하는 용기에는 물이 들어가지 않도록 하고 튀김한 것을 꺼낼 때에는 약 10초 정도 기름을 떨고 나서 그릇에 담는다.
- 날카로운 주방기기에 손을 다치지 않도록 주의한다.
- 불이 붙거나 뜨거운 기름이 묻을 염려가 있기 때문에 입고 있는 의복은 반드시 단정히 여며 입는다.
- 뜨거운 석쇠 위에 물을 떨어뜨린 때에는 수증기에 화상을 입지 않도록 주의한다.
- 소화기가 놓여 있는 장소와 사용법을 알아둔다.

6) 주방의 위생관리

(1) 식기의 오물

식기류에 부착되어 있는 오물은 음식의 찌꺼기와 그 밖에 자연적인 오물 및 손때 등이다.

① 탄수화물

밥으로 대표되는 전분의 오물은 제거하기 어려우며 시간이 경과됨으로써 건조해지고 딱딱해져 식기에 달라붙어 있기 때문에 전분 세척은 세척 전 반드시 침적조에 담그어 두는 것이 중요하다.

② 단백질

단백질은 다수의 아미노산(amino acid)이 결합하여 생긴 고분자 화합물로 보통 열에 의해 불강역적으로 변성하며, 분자 구조도 변화하여 응고하는 성질을 갖고 있다. 일반적으로 단백질의 응고 시작 온도는 58℃이지만, 식기세척기의 세척수 온도는 60℃ 이상의 높은 온도이므로 단백질 오물이 부착된 식기를 그냥 세척기에 넣으면 응고하여 버리므로 식기세척기에 넣기 전에 30~40℃의 미지근한 물에 담그어 음식찌꺼기를 물로 씻어 두어야 한다.

③ 유지

유지는 리빙산과 글리세린에스테르의 혼합물이며, 지방은 보통 산의 형태로 천연에 존재하고 종류에 따라 성질이 모두 다르다. 유지와 물은 혼합되지 않으나 대부분 세척 온도에서 액체가 되고, 알칼리와 만나면 유지오물은 알칼리 세제를 사용하고 세척수의 온도를 높임으로써 쉽게 제거할 수 있다.

④ 색소

색소는 수용성과 불용성이 있다. 수용성은 거의 문제가 되지 않으며 불용성 색소라도 도자기와 같이 친수성인 것의 표면에는 붙기 어려워서 기계와 세제의 힘에 의하여 대부분 제거된다. 그러나 플라스틱과 같이 물에 대하여 친화력을 갖고 있지 않은 성질의 것은 제거되기 어려워 시간이 경과될수록 식기 재질과 강력하게 결합하기 때문에 세제로 제거하기 곤란하게 된다.

(2) 식기세척 방법

효율적이고 경제적인 식기세척 시스템은 사람, 레이아웃, 그리고 화학 세척 및 급탕의 온도, 급탕의 분사력 등에 의하여 이루어진다. 여기서 화학 세척이란 주로 세제의 화학력에 의한 세척 방법이나 단순히 화학적인 힘에만 의존하지 않는 것으로 과학 세척(scientific wash)이라고도 한다.

(3) 침적조 사용

반환된 식기의 오물 세척을 쉽게 하기 위하여 일단 따뜻한 물에 담그는 데 이것을 침적이라 한다. 침적 시간은 길수록 좋으나 식기를 방치하였다거나 점성이 강한 잔반이 남아 있는 식기인가에 따라 다르므로 각각의 조건에 맞도록 하여야 한다.

(4) 주방기기 세척

주방기기 및 용기의 위생적 관리는 매우 중요하다.

① 음식을 먹고 난 후의 식기나 조리에 사용한 기구를 오래 방치해 두면 미관상 좋지 않으며, 음식찌꺼기가 말라붙어 세척이 잘되지 않기 때문에 되도록 빨리 씻어야 한다.

② 식기를 닦을 때는 세탁비누나 세탁용 가루비누를 사용하는 것은 금해야 한다. 왜냐하면, 그 속에 들어 있는 형광물질이 그릇에 남아 심한 경우에는 소화기 계통의 질환과 신경조직의 이상을 가져올 수도 있으므로 반드시 주방용 세제를 사용하도록 한다.

③ 디시 워셔(dish washer)를 사용할 때는 76.5℃ 이상에서 20초간 씻고 82℃ 이상에서 10초간 헹군다.

④ 손으로 작업을 할 때는 43~49℃의 미지근한 물에 적당량의 세제를 사용해 문질러 흐르는 물에 헹군다.

⑤ 음식이 담길 부분은 행주를 사용하지 않고 그대로 건조한다.

(5) 주방기기 소독

물리적 방법으로 소독하는 것이 바람직하지만 화학적 방법을 사용할 경우에는 쉽게 약제가 없어지는 염소제를 쓰는 것이 좋고, 역성비누 등의 경우에는 소독된 수돗물로 씻어내는 것이 안전하며 냄새도 없다.

① 열탕소독이나 증기소독

가장 안전하며 식기와 행주 소독에 좋다. 단 그릇을 포개어 소독할 때는 포개지 않고 소독할 때보다 끓이는 시간을 연장한다. 열탕소독 시에는 30초 이상, 증기소독기를 사용할 경우는 110~120℃에서 30분 이상 소독한다.

② 소독약을 이용한 소독

각종 작업대, 주방기기, 도마 소독에 좋으며, 주로 사용되는 소독약에는 다음과 같은 것들이 있다.

• 염소용액 소독

적어도 50ppm의 유효염소가 함유된 24℃ 이상의 염소용액에 담근다.

• 옥도 소독

24℃ 이상의 온도와 PH 5.0 이하의 적어도 12.5ppm의 유효요오드가 함유된 용액에 담근다.

• 강력살균세 척소독제

차이나염소나트륨 용액으로 현재 락스제로 시판되고 있으며, 간염 B 바이러스 소독에도 효과가 있다.

③ 자외선살균 등

자외선 중 2357A의 살균력이 강한 것을 이용한 소독이다. 모든 균종에 대해 유효하며 습도가 높은 곳은 방수 방습 등을 단다. 또한, 인체에 직접 닿지 않도록 하며, 도마살균에 유효하며, 표면에 직접 오랜 시간 조사하도록 한다. 조사 시간으로는 평균 30분 이상이면 거의 모든 세균이 죽게 된다.

④ 역성비누

손, 손가락, 피부에는 5~10% 용액을 사용하며, 원액일 경우에는 그대로 쓰되 물로 씻어 내야 한다. 의료기구 소독에는 1% 용액, 실내 또는 가구의 분무 소독에는 0.5~1% 용액을 사용한다.

(6) 주방기기 소독 방법

① 식기의 경우 열탕 소독을 하거나, 온장고로 건열 소독을 하는 방법이 가장 효과적이며, 가열 소독한 식기는 행주로 닦지 말고 그대로 놓아 말리는 것이 위생적이다. 전염성 질병에 걸린 사람이 사용한 식기(찬기, 수저, 쟁반 등)는 수거 즉시 락스 용액(시판 용액의 4배수로 희석해 사용)에 15분간 담그어 두었다가 소독비누 액으로 깨끗이 씻은 후 열소독기로 소독한다.

② 행주의 경우 삶거나 증기 소독, 차아염소산 처리, 일광건조를 한다. 행주는 사용 중에도 늘 건조한 상태를 유지하도록 하고 젖은 것은 마른 것으로 교환하여 사용한다. 습해졌거나 젖은 것은 공기 중의 세균이나 곰팡이의 오염을 받아 온도가 높아지면 그 속에서 미생물이 증식하게 되기 때문이다.

③ 칼과 도마에는 날고기나 날생선처럼 원재료 식품의 기생충 알이나 세균이 묻어 있기 쉬우므로 조리한 음식을 다듬기 위해 도마를 사용하면 오염되기가 쉽다. 그러므로 원재료와 조리된 식품을 써는 칼과 도마는 반드시 구별해서 사용해야 하고, 사용 후에는 식기용 세제를 탄 온탕 속에서 솔을 이용하여 씻어낸 다음 열탕 속에서 가열 살균한다. 도마는 가끔 햇빛에 소독해 준다.

(7) 주방의 전반적 위생관리

① 손의 청결

조리 시작 전이나 화장실 출입 후, 쓰레기 및 청소도구 취급 후, 전화 사용 후, 조리 중 얼굴이나 머리를 만진 후에는 반드시 비누를 사용하여 손을 씻는다.

② 복장의 청결

- 바지는 청결하고 항상 다림질을 한다.

• 모자, 스카프, 에이프런 등도 항시 착용한다.
• 두발 및 그 길이는 업소에서 미리 정해두고 그 형태를 엄수하도록 한다.
• 과도한 화장은 피하도록 한다.
• 조리 시 가운과 위생모를 착용한다.
• 앞치마, 위생모를 착용한 채 화장실과 외부출입은 금지한다.
• 고무장갑은 다듬기용, 세척용으로 구분하여 사용하며, 사용 후에는 비누로 안팎을 깨끗이 닦아 건조한다.
• 신발은 작업장용, 외부용, 배식용 등으로 구분하여 사용한다.

③ 칼, 도마, 행주

칼, 도마는 어육류, 채소용으로 구분하여 사용하고, 사용 후에는 닦아서 온장고나 자외선 소독기에서 건조시킨다. 행주는 사용 후 세제로 삶아 건조한다.

④ 식기류

사용 후 즉시 세척하여 온장고에서 120℃, 30분간 살균·건조한다.
P.V.C 쟁반은 자외선 소독기를 이용한다.

⑤ 냉장실

• 문의 개폐는 빠르고 횟수는 적게 한다.
(10초 개폐 시 15분 경과 후 정상 온도 복귀)
• 뜨거운 식품은 식혀서, 적당한 간격 유지하여 보관한다.
• 각 식품별 보관 장소를 달리한다.
• 주 1회 이상 청소하여 청결 유지

⑥ 음식찌꺼기 처리 및 바닥청소

• 음식찌꺼기 통, 쓰레기통은 반드시 뚜껑을 덮는다.
• 쓰레기는 물기를 제거한 후 밀봉하여 버린다.
• 쓰레기 운반차는 매일 닦는다.
• 바닥청소는 먼저 쓸어내고 세제로 닦아서 건조한다.

⑦ 전반적인 주의사항

- 조리 중 잡담을 하지 않는다.
- 음식의 맛을 볼 때는 조리용 스푼을 사용한다.
- 조리 중 기침, 재채기를 할 경우 음식에 들어가지 않도록 주의한다.
- 주방 직원의 식사는 정해진 장소에서 한다.
- 수돗물, 온수를 절약하여 사용한다.
- 작업을 하지 않는 장소는 전기를 끈다.

⑧ 도시가스 사용

- 사용 전 가스가 새는지 냄새로 확인한다. (가끔 비눗물로 확인)
- 사용 후 밸브를 꼭 잠근다.
- 점화용 고무관이 낡은 것은 새것으로 교체한다.
- 화재 시 먼저 밸브를 잠그고 불을 끈다.

3. 주방 조직과 기능

1) 주방의 개요

주방이란 조리 상품을 만들기 위한 각종 조리기구와 음식재료의 저장시설을 갖추어 놓고 조리사의 기능적 및 위생적인 작업수행으로 고객에게 판매할 음식을 생산하는 작업 공간을 말한다. 주방은 생산과 소비가 동시에 이루어질 수 있는 상황 변수가 많은 독특한 특성을 갖고 있는 공간으로 외식업소의 경영성과 기능에 가장 중요한 역할을 담당한다.

외국 문헌에 따르면 "Kitchen is the room or area containing the cooking facilities also denoting the general area where food is prepared."라고 하였다. 즉 "음식을 만들 수 있도록 시설을 갖추어 놓은 일정한 장소 혹은 음식을 만들기에 편리하도록 시설을 갖춘 방"이라고 정의하고 있다.

다시 말해서 주방이란 조리장을 중심으로 법적 자격을 갖춘 조리사가 양목표

(recipe)에 의해 식용 가능한 식품을 조리기구와 장비로 화학적, 물리적 및 기능적 방법을 가해 고객에게 판매할 식음료 상품을 만들 수 있도록 차려진 장소라 할 수 있을 것이다.

역사적으로 주방이 분리되어 운영된 것은 기원전 5세기경으로 당시에는 종교적인 의식을 치르는 장소로써 활용되었다. 이러한 행위는 집의 수호신을 숭배하는 행동에서 신들을 위한 음식을 준비하는 장소 역할을 한 것으로 추정된다.

로마 시대 주방은 더욱더 발전된 단계로써 그 기능이 다양해진 것을 알 수 있는데, 주방 내에서 사용하는 물탱크와 싱크대, 요리 준비를 위한 테이블 등이 그 증거이다.

주방 발전에 전성기를 이룬 것은 프랑스 루이 왕 시절이다. 귀족사회에 빈번한 연회행사를 치르기 위해서 많은 수의 요리사가 필요했고, 넓은 공간에 조리시설이 요구되었던 것이다. 더구나 부에 대한 표현으로 먹기 위한 음식보다는 아름다움을 표현하는 방법으로 주방시설 역시 매우 호화스러운 분위기를 연출하게 되었다. 따라서 르네상스 시대의 요리 특징이 데코레이션에 치중하는 면을 보이는 것은 당연한 것으로 여겨진다.

19세기에 들어서면서 주방에도 새로운 유행이 시작된다. 바로 주방기구의 혁신이다. 스테인리스, 알루미늄 등의 신소재 기구들이 등장하게 되고, 레인지와 오븐 저울 소스팬 등이 주방에 새롭게 등장한다.

20세기에 와서는 주방의 현대화가 진행된다. 주방기구에 컴퓨터 시스템을 부착하여 대량생산과 시간의 단축을 이루어 냈다. 그중에서도 가장 눈부신 발전을 이룬 분야는 화력 부분과 냉장 냉동 기술의 발달이다. 이로써 음식재료 생산 시기와 장소의 한계를 극복하고 때와 장소에 관계없이 표준화된 요리를 생산할 수 있는 체계를 갖추게 되었다.

2) 주방의 기능적 분류

(1) 지원 주방(Support Kitchen)

지원 주방은 요리의 기본 과정을 준비하여 손님에게 직접 음식을 판매하는 주방을 지원하는 주방이다.

① 더운 요리 주방(Hot kitchen or Main production)

각 주방에서 필요로 하는 기본적인 더운 요리를 생산하여 공급하게 되는데, 흔히 프로덕션(Production)이라고 한다. 많은 양의 스톡이나 스프, 소스 등을 한꺼번에 생산하여 각 주방으로 분배하는 이유는 각 주방에서 개별적인 생산보다는 시간과 공간, 재료의 낭비를 줄일 수 있고 일정한 맛을 유지할 수 있으므로 일정한 규모를 갖춘 레스토랑이면 대부분 이런 시스템을 이용한다.

② 찬 요리 주방(Cold kitchen or Gardemanger)

찬 요리와 더운 요리 주방을 구분하는 가장 근본적인 잣대는 요리의 품질을 유지하기 위함이다. 기본적으로 더운 요리는 뜨겁게, 차가운 요리는 차갑게 제공하여야 하는데, 더운 요리 주방의 경우 많은 열기구의 사용으로 같은 공간을 사용할 경우 서로 간에 적정온도를 유지하는데 어려움이 따르고 찬 요리는 쉽게 부패할 수 있는 요인이 있으므로 구분하여 공간 배치한다. 찬 요리 주방에서는 샐러드(salad), 샌드위치(sandwich), 까나페(canape), 테린(terrine), 빠떼(Pate) 등을 생산한다.

③ 제과 제빵 주방(Bakery & Pastry kitchen)

레스토랑에서 사용되는 모든 종류의 빵과 쿠키, 디저트를 생산하는 곳으로 초콜릿, 과일 절임 등도 이곳에서 담당한다.

④ 육가공 주방(Bucher kitchen)

육가공 주방 역시 다른 업장을 지원해 주는 역할을 담당한다. 각 업장에서 필요로 하는 육류 및 가금류, 생선 등을 크기 별로 준비하여 준다. 여러 단위 업장에서 필요로 하는 육류 및 생선을 생산하다 보면 부분별로 사용이 적당치 않은 것을 모아 소시지(sausage)나 특별한 모양을 요구하지 않는 제품을 만들게 되는데, 이런 육류에 부산물들이 근래에 와서는 새롭게 각광받는 요리로 탄생되기도 한다.

육가공 주방은 전문적으로 분리되기 이전에는 가르드망제와 같이 차가운 요리를 담당하고 육류를 보관하는 창고 역할을 하였으나, 시대가 변화하면서 기능 분화와 함께 새로운 하나의 주방으로 역할을 담당한다.

3) 기물 세척 주방(Steward)

현대에 와서 기물관리의 중요성이 새롭게 부각되고 있는 것은 요리에 필요한 기물이 그만큼 다양해졌다는 것을 단적으로 말해준다. 일반적으로 대규모 주방을 제외하고 대부분 조리 분야와 구분 없이 기물관리가 운영되고 있으나, 시설이 현대화되고 조직이 비대해지면 기능을 분리하여 운영하는 것이 보다 더 효율적이고 경제적이다.

기물 세척 주방의 기능은 각 단위 주방은 물론이고 모든 주방의 기구 및 기물의 세척과 공급 품질유지를 담당하고 있다.

4) 영업 주방(Business kitchen)

영업장을 갖추고 고객이 요구하는 메뉴를 적정 시간 내에 생산하여 제공하는 주방을 말하며, 영업 주방은 지원 주방의 도움을 받아 주방별로 요리를 완성하여 고객에게 제공한다. 대부분의 영업 주방은 불특정 다수가 이용하고 있으므로 오랜 시간이 요구되는 요리보다는 단시간 내에 조리 가능한 메뉴를 주로 구성하고 있다.

영업 주방으로는 프랑스 식당, 이탈리아 식당, 커피숍, 룸 서비스, 연회 주방,

뷔페주방, 한식당, 일식당, 중식당, 바 등이 있다.

5) 주방 조직과 직무

주방 조직이란 요리의 생산, 음식자재의 구매, 메뉴 개발, 요리 제공, 인력관리 등 주방운영에 관계되는 전반적인 업무를 효율적으로 수행하기 위한 일체의 인적 구성을 의미한다. 이러한 조직은 호텔 및 단체급의 주방 조직으로 나눌 수 있는데, 규모와 형태, 메뉴의 성격에 따라 약간의 차이가 있으나 기본적인 구성은 유사하다. 그 역할에 따라 line 과 staff 로 나눌 수 있으며, line이란 수직 지휘계통을 의미하며, staff 란 수평 보좌역할을 뜻한다.

대규모 호텔 조리부 조직 구성은 조리부 영업활동에 대한 전체적 권한과 책임을 갖는 총주방장이 있고, 이를 보좌하는 부총주방장과 일선 단위 영업장을 관할하는 단위 주방장으로 이루어져 있다. 이러한 기본 조직 구성 아래 각 단위 영업장을 중심으로 조리장과 부조리장이 있으며, 그다음 직급에 따라 1st cook, 2nd cook, 3rd cook, apprentice, trainee 등이 있다.

각 단위 주방 안에는 직급에 따라 직무가 분장되어 있다. 이러한 직무는 자기 고유의 직무 이외에 보통 두 가지 이상의 일들을 겸하고 있으며, 영업장의 상황에 따라 매우 가변적이라고 볼 수 있다. 주방의 업무는 업장별 또는 맡은 바 직무별로 세분화되어 독자적으로 이루어지는 것 같지만, 실제로는 각 조직원들이 상부상조해야 하는 협동성이 요구되기 때문이다. 이를 위해서는 각자의 직무를 성실히 수행함과 동시에 조직의 공동목표를 위해서 서로 협력하는 노력이 필요하다.

(1) 호텔 주방의 직급별 직무

① 총주방장(Executive Chef)

주방의 총괄적 책임자로서 경영 전반에 걸쳐 정책 결정에 적극 참여하여 기획, 집행, 결재를 담당한다. 요리 생산을 위한 재료의 구매에 관한 견적서 작성, 인사관리에 따른 노동비 산출, 종사원의 안전, 메뉴의 객관화,

새로운 메뉴 창출 등의 책임과 의무가 있다. 회사 이익 극대화의 의무를 가지며, 새로운 요리 기술개발과 시장성 창출에 필요한 경영 입안을 제시한다.

② 부총주방장(Executive sous chef)

총주방장을 보좌하며, 부재 시에 그 직무를 대행하는 실질적인 집행의 수반이다. 각 주방의 메뉴 계획을 수립하고 조리 인원을 적재적소에 배치하고 실무적인 교육, 훈련을 지휘 감독한다. 경쟁사 및 시장조사 실시로 총주방장이 제시한 계획, 입안을 실질적으로 실행하는 데 기본적인 책임과 의무가 있다.

③ 단위 주방장(Sous chef)

총주방장과 부총주방장을 보좌하며, 단위 주방 부서의 장으로서 조리와 인사에 관련된 제반 책임을 지고 있으며, 경영진과 현장 직원 간의 중간 역할을 한다.

조리부문 단위 부서의 교육과 훈련을 실질적으로 집행하며 조리와 관련된 재료 구매서 작성, 월별 또는 연별 계획서를 제출하여 집행하며, 현황을 분기 또는 단기별로 보고하여야 한다.

고객의 기호나 시장변화에 적극적으로 대처하고 여기에 알맞은 메뉴를 개발하여야 한다.

④ 수석 조리장(Chef de partie)

단위 주방장으로부터 지시를 받아 당일의 행사, 메뉴를 점검하여 고객에게 제공하는 등 생산에서 서브까지 세분화된 계획을 세운다. 일간 또는 주간에 필요한 재료 불출서를 작성하여 수령을 지시하고, 전표와 직원들의 업무계획서를 일정 기간별로 작성하여 능률과 생산성을 최대화한다.

⑤ 부조리장(Demi chef de partie)

부조리장은 말 그대로 절반의 조리장을 말한다. 따라서 기술은 조리사로서 충분히 갖추고 있으며, 장으로서 수련 중임을 나타내기 때문에 조리사

와 조리장의 중간 단계를 밟고 있는 중이다. 따라서 직접적으로 생산업무를 담당하면서 틈틈이 리더로서의 역할을 배운다.

⑥ 1급 조리사(1st Cook)

기술적인 측면에서 최고 기술을 낼 수 있는 단계이며, 조리 가공에 실제적으로 가장 많은 활동을 한다. 기구의 사용, 화력 조절 등 조리의 중추적인 생산 라인을 담당하는 숙련된 기술자라고 할 수 있다. 조리의 처음 단계부터 마지막 마무리까지 상세한 노하우(Know-how)를 갖고 있어야 한다.

⑦ 2급 조리사(2nd Cook)

1급 조리사와 함께 생산업무에 가담하여 전반적인 생산 라인에서 최고의 음식 맛을 낼 수 있는 기술을 발휘한다. 직급 면에서 1급 조리사와 같은 업무를 담당하지만 실무적으로 1급 조리사로부터 지시를 받아 상황 대처 능력을 키워 나간다. 1급 조리사 부재 시 그 업무를 대행하여야 한다.

⑧ 3급 조리사(3rd Cook)

조리를 담당할 수 있는 초년생으로 역할 범위가 제한되어 있어 매우 단순한 조리작업을 수행할 수 있지만, 점차적으로 실질적인 조리기술을 습득하기 위한 훈련을 반복해야 한다. 요리 생산을 위한 음식재료의 2차적 가공이나 기술 보조를 함으로써 업무를 배워 나가는 시기이다.

⑨ 보조 조리사(Cook helper or Apprentice)

조리에 대한 기술보다는 시작 단계에서 단순 작업을 수행하고 음식재료의 운반, 조리기구 사용법 습득, 단순한 1차적 손질 등을 한다.
상급자로부터 기본적인 조리기술을 계속적으로 지도받으며, 광범위한 요리 체계를 일반적인 선에서 학습하는 단계이다.

⑩ 조리 실습생(Trainee)

현장에서 조리를 처음 접하는 사람으로 조리를 전공한 학생들이나 조리에 관심이 있는 사람이 호텔 조리부에 입사하여 기초적인 조리를 배우는 단계이다.

4. 조리기기

오늘날 요리사는 많은 주방기구를 사용한다. 조리기구의 종류는 새로운 연료와 가열 방법이 발명되면서 나날이 늘어나고 있다.

주방에는 많은 날붙이가 필요하다. 뜨거운 음식을 저을 때에는 절연 재료로 만든 도구가 필요하다. 특히 나무나 스테인리스 스틸로 만든 스푼이 좋다. 또한 모든 요리사에게는 온갖 종류의 그릇이 필요하다. 달걀 흰자위를 휘저을 때에는 구리 주발을 사용하는 것이 편리하다. 구리 이온이 단백질의 응고를 도와주는 효과 외에도, 구리는 열전도성이 높아 손으로 잡고 휘젓는 동안 따뜻해진 주발이 흰자위를 따뜻하게 해주는 효과가 있다.

1) 칼

주방에서 가장 소중하게 여기는 도구는 칼이다. 날카로운 칼을 사용하면 고기나 채소를 빠르고 안전하게 썰 수 있다. 스테인리스 스틸 칼은 칼날을 벼리기가 좀 어렵고, 탄소강 칼에 비해 칼날이 쉽게 무뎌지지만 한 가지 장점이 있다. 그것은 바로 식기 세척기에 넣을 수 있다는 점이다.

채소를 썰거나 정교하게 다듬는 데에는 작은 칼(칼날 길이 약 10cm)을 사용하고, 재료를 썰거나 고기를 자르는 데에는 중간 크기의 칼(칼날 길이 약 16cm)을 사용하고, 아주 큰 것을 자를 때에는 큰 칼(칼날 길이 약 23cm)을 사용한다.

칼은 무거울수록 재료를 균일하게 썰기가 쉽기 때문에 되도록이면 용도에 적합한 칼 중 가장 큰 칼을 사용한다. 그러나 칼을 사용할 때 염두에 두어야 할 점은 칼날을 날카롭게 벼려야 재료를 쉽게 썰 수 있다는 사실이다. 힘을 많이 줄수록 칼이 미끄러지거나 부상을 입을 위험이 높아진다. 따라서 칼 가는 도구는 부엌에 반드시 두어야 할 중요한 도구이다.

칼 가는 도구는 종류가 다양하고, 대부분 효과가 뛰어난데, 대부분의 칼은 사용 직전에 칼날을 조금만 다듬어 주면 된다. 강철제 칼 가는 도구는 바로 이럴 때

적합하다. 많은 사람들은 강철제 칼 가는 도구를 갖고 있는데도, 그것을 거의 사용하지 않는다. 칼 가는 도구를 제대로 쓰려면 약간의 연습이 필요하지만 칼을 가는 것은 그러한 노력을 기울일 만한 가치가 있다. 가장 간단한 방법은 어떤 현란한 동작도 필요 없이 칼 가는 도구를 도마 위에 수직으로 세운 다음, 칼날과 칼 가는 도구의 각도를 30도 정도로 유지하면서 칼을 위쪽으로 올리면서 몸쪽으로 잡아당긴다. 한 번 잡아 당길때마다 칼날 전체가 갈리도록 한다. 이런 식으로 두어 번만 갈면 칼날을 날카롭게 벼릴 수 있다.

- Chef's Knife(셰프나이프/프렌치나이프) : 일반적으로 가장 많이 쓰이는 칼
- Utility knife(유틸리티 나이프) : 여러 가지 용도로 다양하게 쓰이는 칼
- Fish knife(피시 나이프) : 생선을 손질하거나 포를 뜰 때 쓰는 칼
- Bread knife(브레드 나이프) : 딱딱한 껍질의 빵을 자를 때 쓰는 칼
- Fruit knife(푸룻 나이프) : 과일을 자르거나 껍질을 벗길 때 사용
- Carving knife(카빙 나이프) : 로스트비프나 가금류를 썰 때 사용
- Paring knife(페어링 나이프) : 채소의 껍질을 까거나 다듬을 때 사용
- Petit knife(프티 나이프) : 과일이나 채소를 둥글게 깎을 때 사용
- Cleaver knife(클레버 나이프) : 소, 생선, 가금류의 뼈를 자를 때 사용

Chef's Knife

Bread knife

Paring knife

Cleaver knife

Boning knife

Cheese knife

- Boning knife(보닝 나이프) : 뼈에서 살을 발라낼 때 사용
- Butcher knife(부처 나이프) : 고기를 자를 때 사용
- Cheese knife(치즈 나이프) : 치즈를 자를 때 사용

2) 조리용 소도구

Kichen fork

- Parisien scoop(볼커터) : 과일이나 채소를 원형으로 깎을 때 사용
- Kichen fork(키친 포크) : 뜨겁고 커다란 고깃덩어리를 집을 때 사용
- Sraight spatula(스트레이트 스패출러) : 크림을 바르거나 작은 음식을 옮길 때 사용
- Oyster knife(오이스터 나이프) : 굴이나 조개껍데기를 열 때 사용

Sharpening steel

- Garlic press(갈릭프레스) : 마늘을 으깰 때 사용

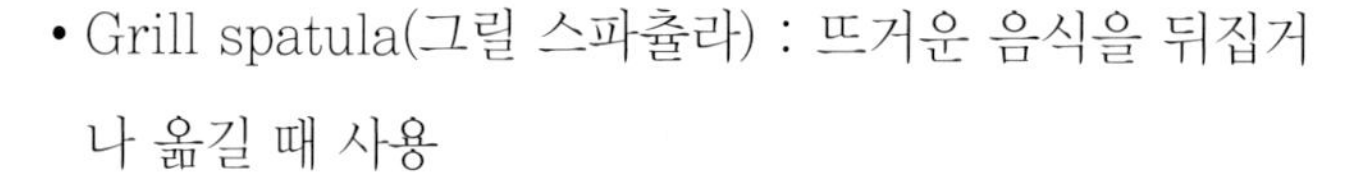

- Grill spatula(그릴 스파츌라) : 뜨거운 음식을 뒤집거나 옮길 때 사용

Kitchen shears

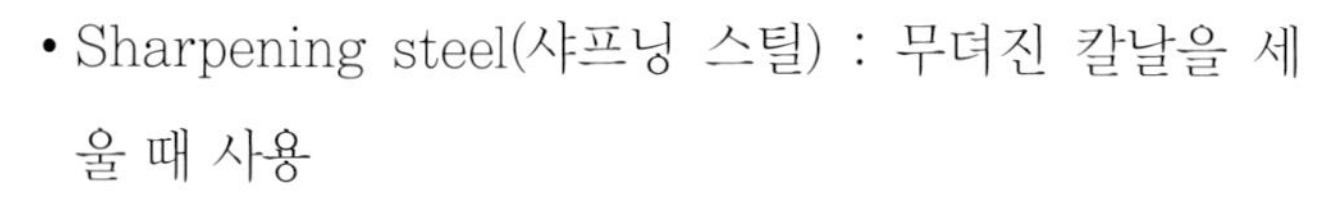

- Sharpening steel(샤프닝 스틸) : 무뎌진 칼날을 세울 때 사용

- Kitchen shears(키친 시어즈) : 음식재료를 자를 때 사용

Zester

- Roll cutter(롤 커터) : 피자나 얇은 반죽을 자를 때 사용
- Zester(제스터) : 오렌지나 레몬의 껍질을 벗길 때 사용
- Channel knife(채널 나이프) : 오이나 호박에 홈을 팔 때 사용
- Apple corer(애플코러) : 사과의 가운데 씨방을 제거할 때 사용
- Whisk(위스크) : 재료를 휘젓거나 거품을 낼 때 사용
- Meat tenderizer(미트 텐더라이저) : 고기를 두드려 연하게 할 때 사용

Whisk

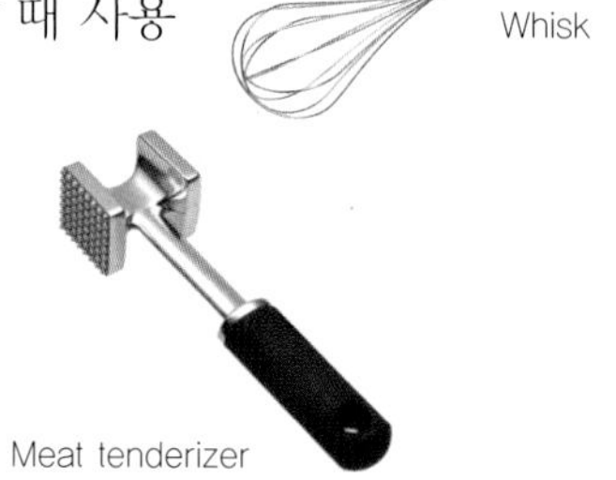

Meat tenderizer

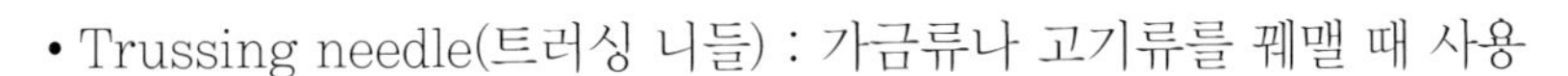

- Trussing needle(트러싱 니들) : 가금류나 고기류를 꿰맬 때 사용
- Larding needle(라딩 니들) : 고기에 인위적으로 지방을 넣을 때 사용
- Fish scaler (피시 스케일러) : 생선의 비늘을 제거할 때 사용
- Chinois(시누아) : 스톡이나 소스를 곱게 거를 때 사용
- Colander(콜랜더) : 음식물의 물기를 제거할 때 사용
- Food mill(푸드 밀) : 감자나 고구마 등을 으깨서 내릴 때 사용
- Skimmer(스키머) : 스톡 등을 끓일 때 거품 제거에 사용
- Laddle(래들) : 스프 등을 뜰 때 사용하는 국자
- Rubber spatula(러버 스패출러) : 고무 재질로 음식을 섞거나 모을 때 사용
- Pepper mill(페퍼밀) : 통후추를 잘게 으깰 때 사용
- Terrine mould(테린 몰드) : 테린을 만들 때 사용
- Pate mould(빠떼 몰드) : 빠떼를 만들 때 사용
- Grill tong(그릴 텅) : 뜨거운 음식을 집을 때 사용하는 집게
- Mandoline(만돌린) : 다용도 채칼
- Grater(그레이터) : 치즈나 채소 등을 갈 때 사용
- Muffin pan(머핀 팬) : 머핀을 구울 때 쓰는 팬
- Large hotel pan(라지 호텔 팬) : 음식물을 담을 때 사용
- Perforated hotel pan(퍼포레이티드 호텔 팬) : 구멍이 나 있어서 물기를 제거할 때 사용

Fish scaler

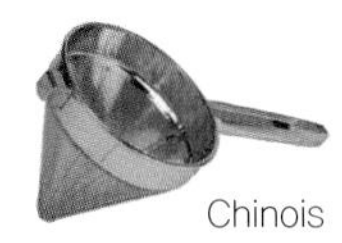

Chinois

Food mill

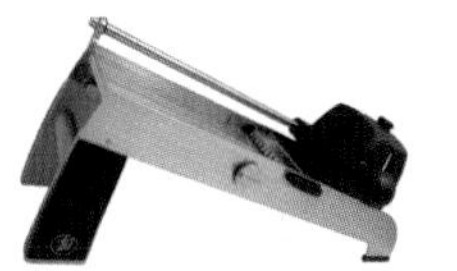

Mandoline

Grater

Large hotel pan(

3) 요리 계량기구 및 온도

식품의 계량이란 무게, 부피, 온도, 농도, 시간의 측정을 말하며 좀 더 과학적인 방법으로 조리 시 음식의 체계를 세워야 한다.

올바른 비율로 재료를 혼합하기 위해서는 반드시 계량기를 사용하여 정확한 양을 측정하도록 해야 할 것이다. 무정형의 고체로 된 것은 중량으로 하고 분상이나 액상으로 된 것은 부피를 측정하는 것이 올바른 계량 측정이다. 중량을 측정할 때는 흔히 자동 저울을 사용하며 부피는 계량컵과 계량스푼을 사용하여 측정한다.

(1) 계량기구

일반적으로 사용하는 계량기구에는 저울, 계량컵, 계량스푼 등이 있다.

① 자동 저울(auto scale) : 중량을 측정하며 g, kg 등으로 나타낸다.
② 계량컵(measuring cup) : 부피를 측정한다. 1C, 1/2C, 1/3C, 1/4C의 4종류가 한 조를 이루거나 컵 하나에 눈금으로 1C, 3/4C, 1/2C, 1/4C으로 되어 있다. 재질은 스테인리스, 유리, 파이렉스로 된 투명한 것이 있다.
③ 계량스푼(measuring spoon) : 적은 양의 부피를 측정하며 Ts (Table spoon), ts(tea spoon)로 표시한다. 1Ts, 1ts, 1/2ts, 1/4ts의 4종류가 한 조를 이루고 있다.

우리나라에서 계량컵과 계량스푼의 표준 용량은 아래와 같다. 그러나 시장에서 판매되고 있는 계량기가 그다지 정확하지 않으므로 계량기를 구입한 후, 계량컵이나 스푼에 물을 담아 눈금 있는 실린더를 사용하여 정확한 양을 확인하는 것이 좋다.

■ 계량컵과 계량스푼의 표준 용량

· 1Cup = 1C = 물 200mL = 14T.S

· 1Table Spoon = 1Ts = 3ts = 물 15CC

· 1tea spoon = 1ts = 물 5CC (Ts의 1/3)

· 1liter = 1000CC　　· 1dl = 100CC

(2) 계량 방법

재료를 정확하게 측정하기 위해서는 정확한 계량기를 사용하는 것이 중요하나 재료에 따라 계량기를 올바르게 선택하고 사용하여야만 한다.

① 가루 상태의 것 : 가루는 덩어리가 있으면 채 쳐 덩어리가 없는 상태에서 누르지 않고 수북히 담은 후 반드시 편평한 것으로 고르게 밀어 표면이 고른 평면으로 되게 한 후에 계량해야 한다(밀가루, 가루 설탕).

② 액체 상태의 것 : 표면장력이 있으므로 계기에 충만하게 담아서 계량한다(간장, 물, 식초, 기름 등).

③ 후추, 깨 등 알맹이 상태의 것은 흔들어 담아서 표면이 평면이 되게 한 후 계량한다.

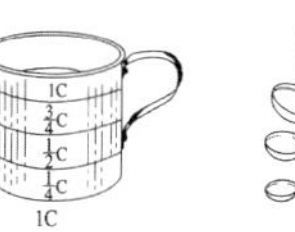

계량컵

계량스푼

저울

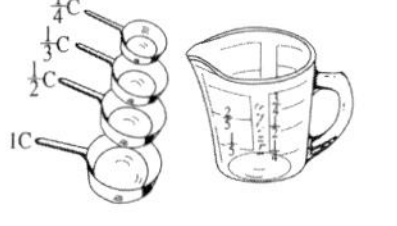

액체를 계량하는 컵

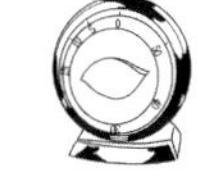

조리용 시계(Timer)

조미용 식품의 상용 표준량

식 품	1컵(g)	1Ts(g)	식 품	1컵(g)	1Ts(g)
밀가루	100~110	8~9	간 장	260~270	17~18
설 탕	150~160	12~13	기 름	130~150	100~12
소 금	80~90	6~7	식 초	200~210	15~16
(보통정제염)	80~90	6~7	버 터	180	13
고춧가루	55~60	4~5	깨소금	120	9
(고운가루)	55~60	4~5	화학 조미료	160	12
겨자가루	60~65	5~6	물, 식초, 술	200	15

④ 생략 기호

ea = each	qt = quart	gal = gallon	g= gram
pt = pint	in = inch	bn = bundle	c = cup
lb = pound	ph =pinch	ml = milliter	sl = slice
pc = piece	L = liter	oz = ounce	tsp = tea spoon
Tbsp = table spoon		cm = centimeter	

⑤ 분량 단위 환산 기준

1 tsp = 1/3 Tsp (5mL)	1pint = 470mL (2cup)
1 Tbsp = 3tsp(15mL)	1pound =16 oz(453.6 grams)
20 drops = 1cc	1quart = 2pint =940mL (4cup)
1cup = 16Tbsp(0.23 liter)=8oz	1gallon = 4 quart = 16 cup
1ounce = 28 grams = 30mL	1g = 0.035 oz

(3) 화씨와 섭씨

음식물에 가해진 열은 음식물의 소화를 보다 용이하게 해주고 유해한 세균을 죽이며 음식물을 보다 보기 좋고 맛있게 해준다. 그래서 조리에 있어서 열은 가장 중요한 부분이라고 하며, 우리나라에서는 섭씨(℃)를 대부분 쓰지만 서양에서는 화씨(9°F)를 쓰기 때문에 외국 서적을 보고 조리할 때는 섭씨(℃)로 고쳐서 써야 할 때가 많다.

■ 화씨와 섭씨의 온도 전환 공식

°F = 9/5 (C+32) , ℃ = 5/9 (F−32)

→ C는 Centigrade, F는 Fahrenheit의 약자이다.

0°F	=	−18°C	32°F	=	0°C	100°F	=	38°C
200°F	=	93°C	212°F	=	100°C	250°F	=	121°C
300°F	=	149°C	400°F	=	204°C	600°F	=	316°C

• Thermometer(서모미터) : 온도계

요리는 가열을 많이 해야 한다. 그런데도 온도계를 사용하는 요리사가 별로 없다는 사실은 불가사의한 일이다. 보통 온도계는 유리 온도계와 탐침이 붙어 있는 전자 온도계 두 종류가 있는데, 고기 요리나 케이크, 수플레, 초콜릿 등을 만들 때 온도계는 큰 도움이 된다.

4) 주방기기

(1) 조리기기

① Gas Range W/Oven

주방에서 가장 중요한 조리기기로, 연료로는 LNG를 사용한다. 윗부분은 Range가 설치되어 있어 각종 Pan을 이용한 조리를 할 수 있고, 아랫부분의 오븐은 Baking 또는 Roasting 요리를 할 수 있다. 가스 사용 중 자리를 이탈해서는 안 된다.

② Salamander Broiler

일반 가열 조리기기와는 달라 불꽃이 위에서 아래로 내려오는 하향식 열기기로, 각종 Gratin 요리에 이용된다. 열원에 따라 전기식과 가스식이 있다.

③ Griddle

두께 10mm 정도의 철판으로 만들어진 번철로써 달걀 요리, Pan Cake, Sandwich 조리 시 이용된다.

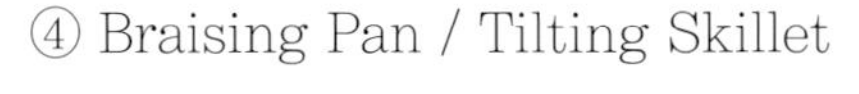

④ Braising Pan / Tilting Skillet

바닥의 두꺼운 철판으로 된 기기로 각종 음식재료를 볶거나 Sauce를 생산할 때 이용된다. 열원은 전기이며, 사용 시 파열 현상을 방지하기 위하여 최고 온도 이하에서 사용한다.

⑤ Charcoal Broiler

석쇠 밑에 용암(Lava)을 깔고 위에 숯불을 피워 사용하거나 가스를 사용한다. 주로 Steak나 Barbecue 조리 시 많이 이용한다.

⑥ Convection Oven

전기를 이용 뜨거운 열을 발생시켜, 이 열기를 이용 Roasting하는 대류식 전기 오븐, 단시간에 내용물을 익힐 수 있지만, 수분 증발로 인하여 딱딱해지는 예가 있다. 대량 조리 시 편리하다.

⑦ Rice Cooker

밥을 많이 필요로 하는 동양식 주방에 많이 사용되며, 가스를 열원으로 하는 대형 가스 밥솥이다.

⑧ Under Counter Refrigerator

상층부는 작업대로 사용하는 냉장고, 물기가 모터에 침투하지 않도록 사용에 주의한다.

⑨ Steam Kettle

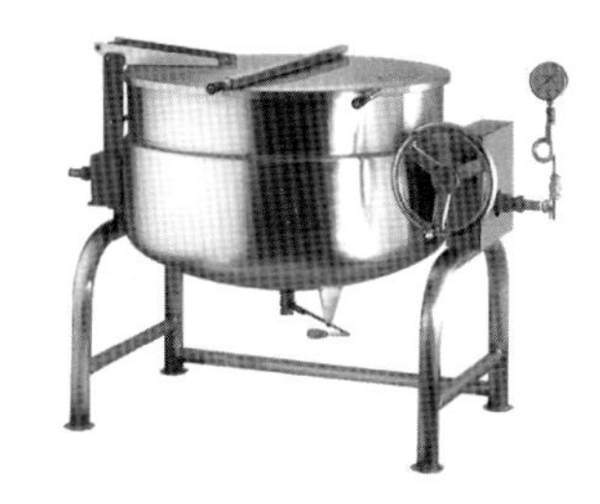

고열의 증기를 이용한 조리기기로 Soup, Sauce를 대량으로 생산하는 데 이용된다. 핸들의 조작으로 상 · 하로 움직여진다.

⑩ Potato Peeler

감자의 껍질을 대량으로 제거하는 기기로, 감자의 양이 많을 경우 무리하게 투입하지 말고, 2~3회로 분할하여 사용한다.

⑪ Food Slicer

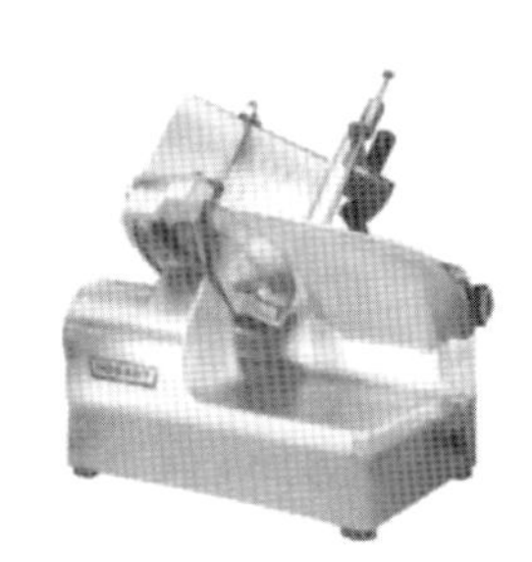

각종 음식재료를 얇게 썰 수 있는 기기이다. 안전사고에 주의를 요한다.

⑫ Floor Mixer

제과부에서 사용하는 기기로, 대량으로 밀가루 반죽을 할 수 있는 혼합기이다. 작동 중 손을 혼합기 안에 넣어서는 안 된다.

⑬ Chopping Machine

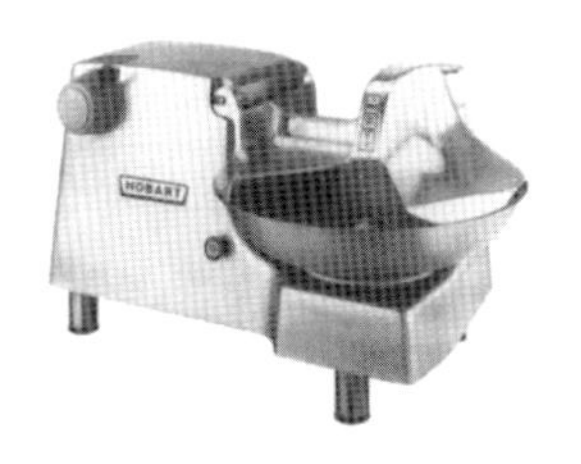

채소, 생선, 육류 등 각종 음식재료를 용도에 따라 잘게 분쇄하는 기기이다. 기기의 과열 상태에서는 계속적 작동을 금한다.

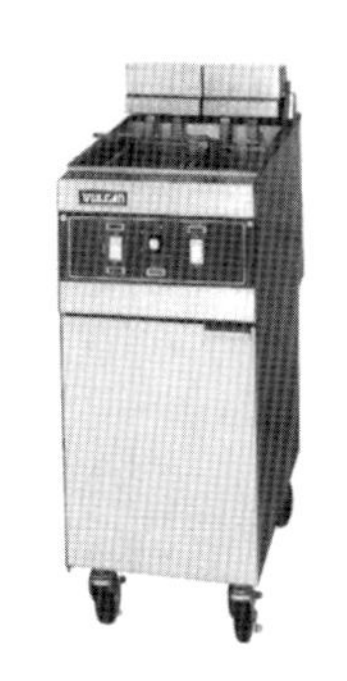

⑭ Deep Fryer

각종 튀김 요리를 하는 데 이용되는 기기로, 튀김 조리 시 내용물을 용량 이상으로 넣어서는 안 되며, 튀김 재료의 수분은 반드시 제거해야 한다. 고열에 의한 기름의 산화를 방지하기 위하여 온도를 적정선으로 유지한다.

⑮ Coffee Brew (Bunn Omatic)

커피 분말을 Filter에 넣고 버튼을 누르면 뜨거운 물이 Filter에 담긴 커피에 적하되어 축출되는 커피기기다. 1회 축출, 1시간 이내에 가급적 소비하여야 한다.

⑯ Mixer(믹서)

케이크를 만들 때 거품기가 매우 유용하게 사용되고, 소스를 만들 때도 큰 도움이 된다. 손에 들고 하는 핸드믹서는 작지만 거의 모든 목적에 사용할 수 있다.

⑰ Grill(그릴)

석쇠로 육류, 생선, 가금류, 채소 등을 구울 때 사용

⑱ Slicer(슬라이서)

채소, 육류 등 다양한 식자재를 얇게 저미는데 사용

5. 메뉴관리

1) 메뉴의 개요

(1) 메뉴의 정의

메뉴란 프랑스어로 '자세한 목록' 을 의미하는데, 이 말의 어원은 라틴어로 '축소하다' 라는 뜻인 'minutus' 이다. 그러므로 메뉴란 '작고 자세한 목록' 이라고 말할 수 있다. 그러나 일반적으로 사용되는 메뉴라는 용어는 '식단 목록표' 의 다른 말로, 고객에게 식사로 제공되는 요리의 품목, 명칭, 형태, 순서 등을 체계적으로 알기 쉽게 설명해 놓은 상세한 목록이나 차림표를 말한다.

메뉴의 유래는 서기 1498년경 프랑스 어느 귀족의 아이디어라고 전해지고 있으며, 그 후 서기 1541년 프랑스 앙리 8세 때 연회의 요리에 관한 내용과 순서 등을 메모하여 식탁 위에 놓고서 그 순서대로 요리를 제공함으로써 번거로움이나 복잡함이 없이 즐겁게 식사를 마칠 수 있었다는 데서 그 유래를 찾을 수 있다. 그 이후 19세기에 이르러 파리의 레스토랑에서 사용하기 시작하면서부터 일반화되어 오늘날 대중에게 제공하는 요리의 명칭을 기록한 메뉴가 되었다.

그렇다면 메뉴란 단순한 차림표나 음식을 기록한 리스트에 불과한 것인가에 대해 의문을 갖게 된다. 메뉴에 대한 정의를 살펴보면, 관리자의 관점이나 시대에 따라 변화되어 왔는데, 1960년대 메뉴가 '차림표' 의 개념으로 정의되었다면, 1970년대의 메뉴는 '마케팅과 관리' 의 개념이 가미된 '차림표' 로 정의되었고, 1980년대부터는 '차림표' 의 개념이 삭제된 강력한 '마케팅과 내부 통제도구' 로 정의된다.

메뉴의 정의를 보면 여러 학자들에 따라 상이한 정의를 내리고 있지만, 종합적으로 볼 때 '메뉴는 내부적인 통제도구일 뿐만 아니라 판매, 광고 촉진을 포함하는 마케팅 도구(Marketing tool)' 로 정의할 수 있다.

따라서 메뉴란 식사를 서비스하는 식당에서 상품 자체의 설명과 가치 증진을 위하여 필요한 것이며, 식당의 이윤과 직결되고, 고객의 물리적, 정신적 만족을 증대시켜 주기 위해서 제공되는 요리 품목과 형태를 체계적으로 구성해 놓은 차림표를 의미한다.

(2) 메뉴의 분류

1 메뉴의 구성 및 선택 방식에 따른 분류

① 정식 메뉴(Table d' hote menu : 따블 도뜨)

정식 메뉴란 과거 여관이나 여인숙 주인이 숙박하는 고객에게 같은 음식을 정해진 가격에 제공한 식사에서 유래한다. 이 정식 메뉴는 한 끼 분의 식사로 구성되어 있으며 미각, 영양, 분량의 균형을 참작하여야 하고 요금도 한 끼 분으로 표시되어 있으므로 고객이 차림표와 가격을 용이하게 선택할 수 있으며 비교적 가격이 저렴하다. 메뉴에 대한 지식이 없어도 주문이 용이한 반면에 선택의 폭이 좁다. 경영자 입장에서는 신속한 서비스로 좌석 회전율을 높일 수 있고 식자재관리와 메뉴관리가 용이하다.

찬 전체요리(Cold appetizer) · 수프(Soup) · 뜨거운 전체요리(Hot appetizer) · 생선요리(fish) · 소르베(Sorbet) · 주요리(Main dish) · 샐러드(Salad) · 치즈(Cheese) · 디저트(Dessert) · 커피 혹은 차(Coffee or tea)

② 일품요리 메뉴(A la carte : 알 라 까르트 메뉴)

일품요리는 레스토랑에 있어 주된 메뉴로서 그 구성은 전통적인 정식 식사 순서에 따라 각 순서마다 몇 가지씩 요리 품목을 구성하여 고객이 원하는 품목만을 선택하여 식사를 하고, 고객은 선택한 품목에 대한 가격만 지불하면 된다.

고객의 입장에서는 정식 메뉴에 비하여 메뉴 선택의 폭이 상대적으로 넓다고 할 수 있으나 가격이 비싸고, 메뉴에 대한 지식이 없는 고객이 주문

할 경우 선택에 어려움이 있다. 경영자 입장에서 본다면, 식자재 및 메뉴 관리가 어렵고 식자재 낭비와 인건비가 높은 반면 객단가를 높일 수 있는 장점이 있다.

③ 콤비네이션 메뉴(Combination menu)

변형 주문식 메뉴(Semi a la carte)라고도 불리는데, 정식요리 메뉴와 일품요리 메뉴의 장점만을 혼합한 메뉴로서 요리 중에서 몇 가지는 가격에 관계없이 선택할 수 있지만, 다른 몇 가지는 개별적으로 선택하여 먹을 수 있는 것을 말한다. 예를 들어 전체와 후식은 가격이 개별적이고 주 요리와 샐러드는 주요리에 샐러드의 가격이 포함되어 있는 경우가 이에 해당된다.

④ 뷔페 메뉴(Buffet menu)

많은 종류의 요리를 차려 놓고 자유롭게 선택하여 먹을 수 있는 메뉴로 항상 문을 여는 뷔페(open buttet)와 손님의 주문이 있을 때만 차리는 뷔페(close buffet)가 있다.

⑤ 그날의 메뉴(Plat du jour; daily special menu)

그날의 특별 메뉴는 매일매일 시장에서 특별한 음식재료를 구매하거나 재고 음식재료를 사용하여 주방장의 아이디어와 기술로 메뉴에 없는 새로운 요리를 만들어 고객에게 새로운 별미로 제공하는 메뉴를 말한다.
그날의 특별 메뉴를 판매함으로써 다음과 같은 이점이 생긴다.

- 재고 음식재료를 사용하여 메뉴를 작성하므로 재고처리가 가능하다
- 단골손님에게 매일매일 새로운 메뉴를 제공할 수 있다.
- 시장의 상황 변화에 신축성 있게 대응할 수 있다.
- 계절감 있는 메뉴를 다양하게 제공할 수 있다.
- 판매가격을 신축성 있게 운영할 수 있다.
- 매출을 증진시킬 수 있다.

2 메뉴의 유지 기간에 따른 분류

① 고정 메뉴(Static menu)

고정 메뉴는 일정기간(6개월~1년)을 똑같은 메뉴가 바뀌지 않고 반복적으로 제공되는 메뉴로서 정기 메뉴(ful-time menu)라고도 한다. 스테이크를 위주로 하는 등의 전문 레스토랑들 대부분의 메뉴가 여기에 속한다. 고정 메뉴는 주어진 기간 동안 같은 메뉴만을 반복하여 사용하기 때문에 원가가 절감되고 생산성이 높아진다는 장점이 있는 반면에 원가와 패턴의 변화에 유연성 있게 대처할 수 없다는 단점이 있다.

② 사이클 메뉴(Cycle menu)

이것은 특정 기간을 주기로 해서 메뉴를 교체하여 적용하는 메뉴로 일정 기간을 정해서 몇 가지의 메뉴를 순환시키기 때문에 순환적 메뉴(revolving menu)라고도 한다. 사이클 메뉴는 단체급식 위주인 카페테리아, 병원, 등에서 많이 사용된다.

3 시간대에 따른 분류

① 아침 메뉴(Breakfast menu)

- American breakfast : 달걀요리가 곁들여진 아침 식사로 커피, 주스, 시리얼, 햄, 베이컨, 소시지 등이 제공
- Continental breakfast : 달걀요리를 곁들이지 않은 아침 식사로 빵 종류, 주스, 커피나 홍차가 제공
- Vienna breakfast : 달걀요리와 롤빵, 그리고 커피 정도로 먹는 식사
- English breakfast : 미국식 조식과 같으나 간단한 생선요리가 포함된 식사

② 브런치 메뉴(Brunch menu)

브런치 메뉴는 아침과 점심의 합성어로 공휴일이나 일요일에 늦게 일어난 사람들이 아침 겸 점심을 먹는 습관에서 출발하여 생긴 메뉴이다. 브런치

메뉴는 전통적으로 아침 식사로서 인기가 있는 음식으로 마련되지만, 과일, 빵, 육류 등 다양하다.

③ 점심 메뉴(Lunch menu)

정오에 먹는 식사로서 인근 직장인들이 반복적으로 이용하는 경우가 많아 '특선 요리' 형태로 제공되며, 메뉴는 1주일에 한 번씩 바꾸어 주는 탄력성 있는 메뉴 구성이 필요하다. 식사 내용은 샐러드와 샌드위치류 위주로 제공되며, 알코올성 음료가 제공되기도 한다.

④ 정찬 메뉴(Dinner menu)

디너 메뉴는 하루의 식사 중 가격면에서 가장 비싸며, 열량도 가장 많은 식사로 특징지을 수 있다. 다양한 아이템의 메뉴가 제공된다.

⑤ 서퍼 메뉴(Supper menu)

서퍼 메뉴는 늦은 저녁이나 밤참으로 제공되는 메뉴로서 큰 모임이나 행사 후에 식사로 2~3가지의 코스가 제공된다.

6. 향신료

1) 향신초, 향신료

향신료는 여러 종류의 방향성 식물의 뿌리, 열매, 꽃, 종자, 잎, 껍질 등에서 얻어지며 독특한 향기와 맛을 지니고 있어 음식의 맛과 향을 증진시킬 뿐만 아니라, 생선류나 수조육류 등의 냄새 제거에 좋으며 방부제의 역할도 한다.

- Allspice(올스파이스) : 피멘토 (pimento), 피만타 (pimenta), 자메이카 페퍼(Jameica pepper)로 잘 알려져 있으며 검붉은 갈색에서부터 노르스름한 열매가 직경 6cm까지 크고 흑갈색의 씨를 가지

올스파이스

고 있다. 방향과 풍미는 정향, 넛맥, 시나몬과 같은 향료와 비슷하다. 소시지, 생선, 피클, 디저트 조리에 사용된다.

블랙페퍼

- Black pepper(블랙페퍼) : 인도네시아, 브라질, 인도, 말레이시아, 마라바 연안이 원산지이며 익지 않은 열매를 건조한 것으로 심미작용과 방부작용 및 고취작용이 있어서 널리 사용되어 왔다. 독특하게 스며드는 향과 얼얼한 매운맛을 지니고 있으며, 햄 소시지 등의 육가공에는 중요한 원료이며 피클, 채소, 고기 스파이스, 샐러드 드레싱, 소시지 등에 이용되고 있다.

케이퍼

- Caper(케이퍼) : 잡목의 꽃봉오리이며, 열매는 크기에 따라 분류하며 제일 작은 것은 질이 좋은 것이고 큰 것은 질이 좋지 않은 것으로 구분하고 있다. 이것은 소금물에 저장했다가 물기를 빼서 식초에 담는다. 요리가 끝난 다음 첨가하는 경우가 많다.

계피

- Cinnamon(계피) : 시나모뭄과나 상록수과에 속하며 건조시킨 나무껍질에서 만든다.

정향

- Clove(정향) : 원산지가 인도네시아인 열대식물의 덜 익은 꽃봉오리를 따서 건조시킨 것이다. 클로브 단어의 어원은 프랑스 말로 클루(clou), 즉 못이라는 뜻이다. 못처럼 생긴 클로브는 흑갈색이며 강한 방향성분과 얼얼한 맛의 특징을 가지고 있다. 이용 부위는 꽃봉오리로 맛은 맵고 깔끔하며 강한 향기는 고기의 냄새 제거에 탁월하다. 서양요리 중 이탈리아 요리에 많이 사용되는데 클로브를 마리네이드 할 때나 소스를 만들기 위하여 스톡을 끓일 때 양파에 꽂아서 사용한다. 클로브는 달콤한 요리와 파이나 케이크에도 사용되고, 육류요리와 스프를 만

들 때 사용된다.

- Coriander(코리앤더, 고수) : 남유럽, 지중해 연안이 원산지로 미나리과에 속하는 일년초이다. 미나리와 아주 닮은 잎으로 줄기와 어린잎에서 노린내와 비슷한 독특한 냄새가 있는데 사람에 따라서 악취로 느낄 수 있다. 성숙하면 방향이 변화하는데, 중국, 인도 등 동남아시아의 여러 나라에서 스파이스로 중요하게 사용되고 있다. 녹색의 종자가 담갈색으로 변할 때쯤 꽃봉오리를 수확하여 통풍이 좋은 응달에 매달아 말린다.

코리앤더

- Curry powder(커리가루) : 인도에서 생산된다. 커리는 엄격한 종교 형식과 전통에 따라 몇 가지의 가루를 섞어서 쓴다. 주요 향료는 터메릭, 코리앤더, 생강, 캐러웨이, 후추, 파프리카 등 12가지 이상을 섞는다. 커리는 달콤하며 혼합이 잘되고 순한 향을 가지고 있으며 맑은 노란색이다.

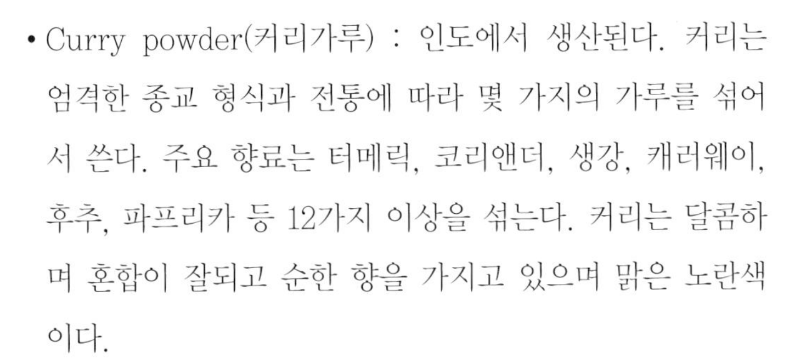

커리가루

- Garlic(마늘) : 중앙아시아가 원산지로 오늘날 한국, 중국 등 극동지방에서 많이 재배된다. 마늘은 알맹이를 이용하며 맛과 냄새가 아주 자극적이고 강하다. 고기요리, 스프, 파스타, 소스, 샐러드 드레싱에 이용된다. 차가운 기후에서 자란 마늘이 맛이 더 강력하고 살균, 정장, 각기, 백일해, 폐결핵, 강장 등에 효과가 큰 것으로 전한다. 마늘에 들어 있는 황화아릴에는 강한 살균력이 있다.

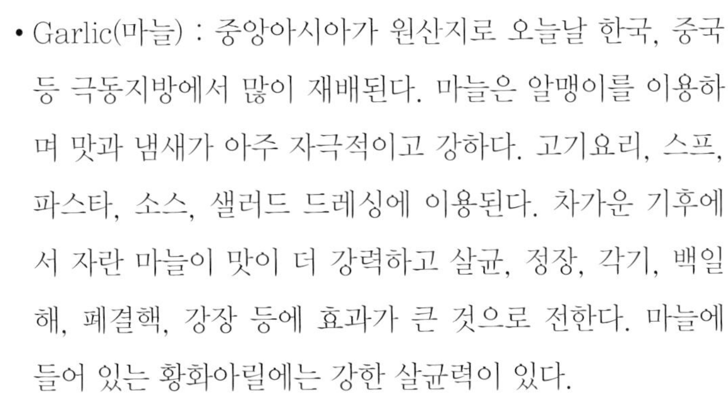

마늘

- Mustard(겨자) : 지중해 연안, 남유럽, 아메리카, 중국을 비롯한 아시아 지역이 주산지이며 작고 노란색을 띤 꽃들은 초여름에 개화하고 그 후 종자의 꼬투리로 변한다. 겨자는 또한 토종 겨자와 서양 겨자가 있으며, 채소로 상용되는 머스터드잎은 날것으로 먹기도 하고 열을 가하여 먹

겨자

기도 한다. 하지만 다양하게 사용되는 것은 머스터드 씨이다. 머스터드 씨는 갈아서 양념으로 쓰인다. 머스터드의 경우 허브와 백포도주를 섞어서 톡 쏘는 맛이 나지만 끝 맛은 부드러운 특징이 있으며, 토종 겨자는 본래의 떫은맛을 제거해 사용한다.

넛맥

- Nutmeg(넛맥) : 열대 상록수의 복숭아와 비슷한 열매로 속살이 많고 껍질과 핵 사이에 불그스레한 황색으로 덮여 있다. 알맹이로 혹은 분말로 구입한다.

통후추

- Whole pepper(통후추) : 덜 익은 후추종을 외피가 주름지고 검은색으로 변할 때까지 태양 밑에서 말린다. 흰 후추보다 훨씬 맛이 강하다.
- White pepper corn(흰 통후추) : 페퍼콘이라는 열매가 완전히 익어 붉게 되었을 때 수확하여 발효시키고 외피를 씨와 분리하여 조그만 흰색 씨를 말린 것으로 검은 후추보다 덜 맵다.

샤프론

- Saffron(샤프론) : 세계에서 가장 비싼 향신료로 유명하다. 아시아가 원산지이고 스페인, 프랑스, 이탈리아에서도 재배된다. 꽃을 손으로 따서 주의 깊게 분류를 하며 매우 강한 노란색을 띠며 맛은 특이하게 순하고 씁쓸하면서도 단맛이 나며 생선요리, 수프, 쌀요리, 감자요리, 빵, 페스트리 등에 이용된다.

2) 허브

향초는 방향성 식물의 잎뿐만 아니라 줄기, 꽃, 열매, 씨, 뿌리까지도 신선한 그대로 사용하거나 말려서 음식의 맛을 더해 주는데 이용된다. 허브는 고대인들에게 약초로

서 큰 힘을 발휘하였고, 이집트에서는 미이라를 만들 때 부패를 막고 초향을 유지하기 위해 많은 스파이스와 허브를 사용하였다. 인도에서는 홀리 바질(Holly Basil)을 힌두교의 성스러운 허브로 "천국으로 가는 문을 연다."라고 믿어 죽은 사람 가슴에 홀리 바질잎을 놓아둔다.

허브는 푸른 풀을 의미하는 라틴어 '에르바(Herba)'에 어원을 두고 있는데 "꽃과 종자, 줄기, 잎, 뿌리 등이 약품, 요리, 향료, 살균, 살충 등에 사용되는, 인간에게 있어서 유용한 초본식물"이라고 정의를 내린다. 우리나라에는 창포와 마늘, 파, 고추, 쑥, 익모초, 결명자 등을 모두 허브라고 할 수 있다.

바질

- Basil(바질) : 원산지는 동아시아와 중앙 유럽이고 민트과에 속한다. 일년생 식물로 높이 45cm까지 자라고 꽃과 잎은 오랫동안 요리에 사용됐다. 엷은 신맛을 내며 정향을 닮은 달콤하면서도 강한 향기가 있어서 잎을 뜯기만 하여도 공기 중에 향이 퍼진다. 생선과 고기요리, 스프, 소스, 샐러드, 토마토와 피클에 풍미를 부여하는 데 이용된다.

월계수 잎

- Bay leaf(월계수 잎) : 월계수는 줄기의 밑쪽에서부터 잎이 나며 곁가지도 많이 나므로 흡사 관목 같은 인상을 준다. 월계수 잎을 스파이스로 이용하는 것은 상큼한 향기와 다소 쓴맛을 내기 때문이다. 요리에는 스튜, 스프, 마리네이드의 풍미를 내기 위해서 사용된다. 건조된 월계수 잎은 달고 독특한 향기가 있어 서양요리에는 필수적일 만큼 널리 쓰이는 향신료이다. 또한, 식욕을 촉진할 뿐만 아니라 풍미를 더하며 방부력도 뛰어나므로 소스, 소시지, 피클, 스프 등의 부향제로 쓰이고 생선, 육류, 조개류 등의 요리에 많이 사용된다. 특히 맛을 내기 위하여 장시간 요리하는 음식일 경우에 좋다. 짧은 시간에 요리를 해야 할 경우 곱게 다지거나 갈면 풍미를 증가시킨다.

처빌

• Chervil(처빌) : 아주 강한 방향성을 가진 잎사귀와 북미산 솔나무 같은 꽃을 가지며 순한 파슬리의 향을 낸다. 신선한 처빌은 스프나 샐러드에 이용되고 건조시킨 처빌은 소스의 양념과 양고기구이에 사용된다.

차이브

• Chive(차이브) : 유럽, 미국, 러시아, 일본 등에 널리 퍼져 있으며 부추와 같은 속이다. 선녹색을 띠고 관 모양으로 생겨 잎사귀는 다져서 쓰며 가니시로 이용하고 샐러드, 생선요리, 스프 등에 이용한다.

오레가노

• Oregano(오레가노) : 멕시코, 이탈리아, 미국이 원산지이며 박하과의 한 종류로 방향성이 강하고 상쾌한 맛을 가진다. 건조한 잎사귀는 흐릿한 녹색을 가진다. 피자나 파스타 같은 이탈리아 요리와 멕시코 요리에 이용된다. 또한, 칠리파우더의 한 재료이기도 하다.

파슬리

• Parsley(파슬리) : 잎사귀는 대개 고부라지고 쪼개져 있으며 밝은 녹색이다. 특이한 방향 성분은 잎과 꽃술에 있는 휘발성 기름 때문이다.

로즈마리

• Rosemary(로즈메리) : 상록수로 솔잎과 모양이 비슷하며 진한 녹색의 잎을 가진 키 큰 잡목이다. 로즈메리의 잎이나 분말가루로 구입 가능하며 고기, 가금류의 요리에 향을 돋우는데 이용한다.

• Sage (세이지) : 육류 가공에 쓰여 '소시지' 라는 이름을 유래시킨 허브로 줄기, 잎, 꽃 등을 이용하며 육류요리, 내장요리, 햄요리 등 동물성 식품을 요리할 때 쓰면 느

끼함이 덜해지고 소화도 촉진된다. 각종 소스나 방부제, 방향제로 쓰이며 미용, 염색 등에도 쓰인다. 특히 세이지를 우린 물은 치아 건강에 좋다.

세이지

- Tarragon(타라곤) : 유럽이 원산지이며 러시아와 몽고에서 재배되는 정원초이다. 다년생 초본으로 잎이 길고 얇으며 올리브색이고 꽃은 작고 단추와 같은 모양을 하고 있다. 이 잎은 피클, 스프, 샐러드, 소스에 이용되고 타라곤 식초 제조에 쓰인다.

타라곤

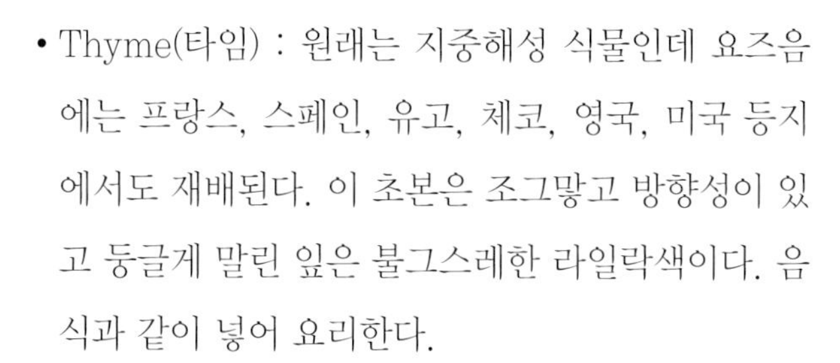

- Thyme(타임) : 원래는 지중해성 식물인데 요즈음에는 프랑스, 스페인, 유고, 체코, 영국, 미국 등지에서도 재배된다. 이 초본은 조그맣고 방향성이 있고 둥글게 말린 잎은 불그스레한 라일락색이다. 음식과 같이 넣어 요리한다.

타임

- Horseradish(서양고추냉이) : 겨자과의 한 종류이며 중앙유럽과 아시아가 원산지이다. 갈황색 뿌리의 길이는 대략 45cm이고, 뿌리와 내부는 회색을 띤 흰색이다. 특이한 풍미가 매우 강하고 얼얼하다. 신선한 호스래디시는 강판에 갈아서 소스와 생선, 고기 요리에 사용한다.

서양고추냉이

제2부

서양요리 실기

우리에게 있어 서양요리라 함은 주로
미국식 요리를 연상하게 되는 경우가 빈번하다.
이것은 우리나라의 서양요리가 프랑스를 중심으로 한 유럽식 요리가 들어온 것이 아니라,
일제 식민지일 때 일본식 서양요리를 통해 그 역사가 시작되었고,
해방 후에는 미국의 영향을 더 받았기 때문이다.

03/ 서양요리의 실기

1. 기본 썰기 방법

1) 기본적인 썰기 및 용어

채소는 단독으로 또는 육류나 생선의 곁들임 재료로 요리에 사용된다. 형태를 자유로이 변형할 수 있는 채소의 특징과 향, 색상, 질감상의 특색을 이용하여 다른 요리에 첨가함으로써 요리의 품위를 한층 높일 수 있다.

동일한 채소일지라도 요리의 종류에 따라 형태와 모양, 그리고 크기를 다르게 해야 그 요리의 독특한 맛을 향유할 수 있다. 요리를 하기 위하여 채소를 써는 모양과 크기는 다음과 같다.

(1) 쥴리엔느(Julienne)

채소나 요리의 재료를 네모막대형으로 써는 작업으로 크기나 두께에 따라서 가는 쥴리엔느와 중간 쥴리엔느, 굵은 쥴리엔느로 나뉜다.

굵은 쥴리엔느는 바또네(Batonnet)라고도 불린다. 0.6×0.6×6㎝ 길이로 네모막대형 채소 썰기이며, 중간 쥴리엔느는 알뤼메뜨(Alumette)라고도 불리며, 0.3×0.3×6㎝ 길이로 성냥개피 크기의 채소 썰기이며, 가는 쥴리엔느는 일반적인 쥴리엔느로서 0.15×0.15×5㎝ 정도의 길이로 가늘게 채 썰은 형태이다.

(2) 다이스(Dice)

채소나 요리재료를 주사위 모양으로 써는 작업을 가리키며 주로 정육각형을 기본으로 그 크기를 증감한다.

라지 다이스(large dice)는 2×2×2㎝ 크기의 주사위 형으로 가장 큰 모양의 직육면체이다. 미디움 다이스(medium dice)는 1.2×1.2×1.2㎝ 크기의 주사위 형이며, 스몰 다이스는 0.6×0.6×0.6㎝ 크기의 주사위 형이고, 브뤼누아즈(brunoise)는 0.3×0.3×0.3㎝ 크기의 주사위 형으로 작은 형태의 정육면체이다.

(3) 빼이잔느(Paysanne)

1.2×1.2×0.3㎝ 크기의 직육면체로 납작한 네모 형태이며, 채소수프에 들어가는 채소의 썰기이다.

(4) 쉬포나드(Chiffonade)

실처럼 가늘게 써는 것으로 바질 잎이나 상치 잎 등 주로 허브 잎 등을 겹겹이 쌓은 다음 둥글게 말아서 가늘게 썬다.

(5) 꽁까세(Concasse)

토마토를 0.5cm 크기의 정사각형으로 써는 것으로, 주로 토마토의 껍질을 벗기고 살 부분만을 썰어 두었다가 각종 요리의 가니시와 소스에 사용한다.

(6) 샤또(Chateau)

달걀 모양으로 가운데가 굵고 양쪽 끝이 가늘게 5cm 정도의 길이로 써는 것을 말한다. 샤또는 썬다기보다는 다듬는다고 보아야 하며 선이 일정한 각도로 휘어지도록 깎아내야 한다.

(7) 올리베뜨(Olivette)

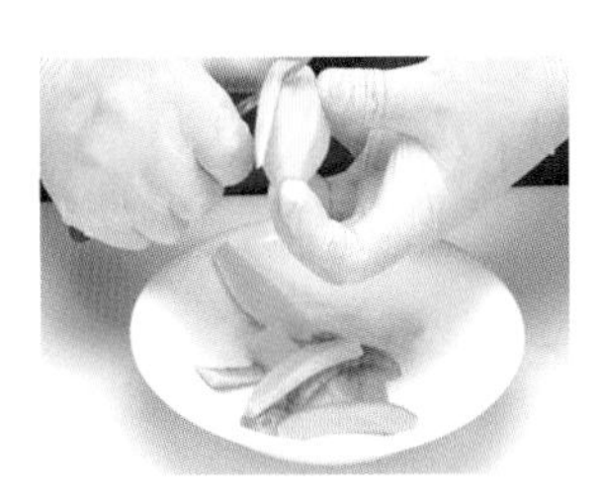

중간 부분이 둥근, 마치 올리브를 닮은 모양으로 써는 방법을 말한다. 이 방법 역시 썬다기보다는 깎는다고 보아야 할 것이다.

(8) 뚜르네(Tourner)

감자나 사과, 배 등의 둥근 과일이나 뿌리 채소를 돌려 가며 둥글게 깎아내는 것을 말한다.

(9) 에멩세(Emence)

채소를 얇게 저미는 것을 말하며 영어로는 슬라이스(Slice)라고 한다.

(10) 아쉐(Hacher/Chopping)

채소를 곱게 다지는 것이다.

(11) 파리지엔느(Parisienne)

채소나 과일을 둥근 구슬 모양으로 파내는 방법으로 파리지엔 나이프를 사용한다. 요리 목적에 따라 크기를 다르게 할 수 있는데, 크기는 파리지엔 나이프의 크기에 따라 달라진다.

(12) 퐁 뇌프(Pont neuf)

0.6×0.6×6㎝의 크기로 써는 것을 말한다. 프렌치 프라이용 감자 썰기가 그 예이다.

(13) 비쉬(Vichy)

0.7㎝ 정도 두께로 둥글게 썰어 가장자리를 비행접시 모양으로 둥글게 도려내어 모양을 내는 것으로 주로 당근을 이용한다.

(14) 롱델 (Rondelle)

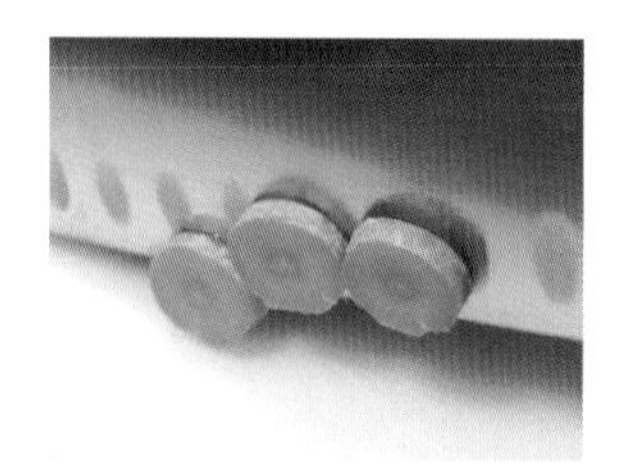

둥근 채소를 두께 0.4~1㎝ 정도로 자르는 것을 말한다.

양식조리사 실기

1. 조식 요리(Breakfast)
   - (1) 치즈 오믈렛
   - (2) 스페니시 오믈렛

2. 전채요리(Appitizer)
   - (1) 쉬림프 카나페
   - (2) 샐러드 부케를 곁들인 참치 타르타르와 채소 비네그레트
   - (3) 채소로 속을 채운 훈제연어롤

3. 스톡(Stock)
   - (1) 브라운 스톡
   - (2) 베지터블 스톡
   - (3) 치킨 스톡
   - (4) 쿠르부용
   - (5) 피시 스톡

4. 수프(Soup)
   - (1) 비프 콩소메 수프
   - (2) 피시 차우더 수프
   - (3) 프랜치 오니온 수프
   - (4) 포테이토 크림 수프
   - (5) 미네스트로네 수프

5. 소스(Sauce)
   - (1) 브라운 그래비 소스
   - (2) 토마토 소스
   - (3) 홀렌다이 소스
   - (4) 이탈리안 미트소스
   - (5) 탈탈소스
   - (6) 마요네즈 소스
   - (7) 베샤멜 소스
   - (8) 치킨 벨루테 소스
   - (9) 스패니쉬 소스

6. 샐러드와 드레싱(Salads&dressing)
   - (1) 월도프 샐러드
   - (2) 포테이토 샐러드
   - (3) 해산물 샐러드
   - (4) 사우전아일랜드 드레싱

7. 생선요리(Fish)
   - (1) 피시 뮈니엘
   - (2) 솔 모르네
   - (3) 프랜치 프라이드 쉬림프
   - (4) 프라이드 피시 휠렛

8. 주 요리(Main dish)
   - (1) 바비큐 폭찹
   - (2) 비프 스튜
   - (3) 살리스버리 스테이크
   - (4) 서로인 스테이크
   - (5) 치킨 커틀릿
   - (6) 치킨 알라킹

9. 샌드위치(Sandwich)
   - (1) B, L, T 샌드위치
   - (2) 햄버거 샌드위치

10. 파스타(Pasta)
    - (1) 스파게티 카르보나라
    - (2) 토마토소스 해산물 스파게티
    - (3) 햄 로제소스 파스타

▲치즈 오믈렛

1 요구사항

※ 주어진 재료를 사용하여 다음과 같이 '치즈 오믈렛'을 만드시오.

① 치즈는 사방 0.5㎝ 정도로 자르시오.

② 모양은 타원형으로 치즈가 들어가 있는 것을 알 수 있도록 만드시오

2 수험자 유의사항

① 익힌 오믈렛이 갈라지거나 굳어지지 않도록 유의한다.

② 오믈렛에서 익지 않은 달걀이 흐르지 않도록 유의한다.

③ 조리작품 만드는 순서는 틀리지 않게 하여야 한다.

④ 숙련된 기능으로 맛을 내야 하므로 조리작업 시 음식의 맛을 보지 않는다.

⑤ 채점 대상에서 제외되는 경우

- 불을 사용하여 만든 조리작품이 작품 특성에 벗어나는 정도로 타거나 익지 않은 것
- 오작 : 요리의 형태를 다르게 만들거나 해당 과제의 지급 재료 이외의 재료를 사용한 경우
- 미완성 : 문제의 요구사항대로 작품의 수량이 만들어지지 않은 경우
  요구 작품 두 가지 중 한 가지 작품만 만들었을 경우
  주어진 시간 내에 완성하지 못한 경우

Cheese omelet 치즈 오믈렛

시험시간 : 20분

3 지급 재료

재료명	규격	수량
달걀		3개
치즈	(가로, 세로 8cm 정도)	1장
버터	무염	30g
식용유		20ml
생크림	조리용	20g
소금	정제염	5g

4 조리 방법

① 달걀, 생크림 1T, 소금간 하여 젓가락으로 휘저어 체에 내려준다.

② 치즈는 0.5cm으로 썰어 달걀 물에 1/2은 섞어주고 1/2은 속 재료에 활용한다.

③ 오믈렛팬에 식용유, 버터로 코팅하여 스크램블 에그 되도록 젓가락으로 휘저어 가면서 모양을 잡아 치즈를 넣고 럭비 공모양으로 말아서 완성한다.

과정

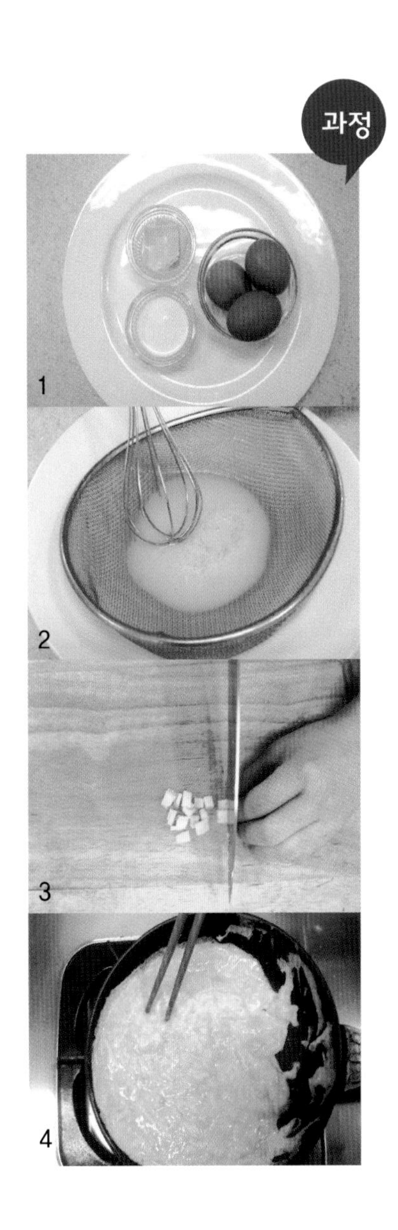

▲스페니시 오믈렛

1 요구사항

※ 주어진 재료를 사용하여 다음과 같이 '스페니시 오믈렛'을 만드시오.

① 토마토, 양파, 피망, 양송이, 베이컨은 0.5㎝ 정도의 크기로 써시오.

② 타원형으로 만드시오.

2 수험자 유의사항

① 내용물이 고루 들어가고 터지지 않도록 유의한다.

② 오믈렛을 만들 때 타거나 단단해지지 않도록 한다.

③ 조리작품 만드는 순서는 틀리지 않게 하여야 한다.

④ 숙련된 기능으로 맛을 내야 하므로 조리작업시 음식의 맛을 보지 않는다.

⑤ 채점 대상에서 제외되는 경우

- 불을 사용하여 만든 조리작품이 작품 특성에 벗어나는 정도로 타거나 익지 않은 것
- 오작 : 요리의 형태를 다르게 만들거나 해당 과제의 지급 재료 이외의 재료를 사용한 경우
- 미완성 : 문제의 요구사항대로 작품의 수량이 만들어지지 않은 경우
  요구 작품 두 가지 중 한 가지 작품만 만들었을 경우
  주어진 시간 내에 완성하지 못한 경우

Spanish omelet 스페니시 오믈렛

시험시간 : 30분

3 지급 재료

재료명	규격	수량
양파	중(150g 정도)	1/4개
토마토	중(150g 정도)	1/6장
청피망	중(75g 정도)	1/6개
양송이		10g(1개)
베이컨	길이 25~30cm	1/2조각
토마토케첩		20g
소금	정제염	5g
검은 후춧가루		2g
달걀		3개
식용유		20ml
버터	무염	20g

과정

4 조리 방법

① 달걀은 소금간 하여 젓가락으로 휘젓어서 굵은 체에 내려준다.

② 양파, 청피망, 베이컨은 0.5cm로 썰어 준다.

③ 양송이는 껍질 벗기고 0.5cm로 썰어 준다.

④ 토마토는 껍질과 씨를 제거 후 0.5cm 크기로 썰어 준다.

⑤ 팬에 버터를 녹여 양파, 피망, 양송이, 베이컨 볶아주면서 케첩 1.5T, 토마토, 소금, 후추를 넣어 간을 해준다.

⑥ 오믈렛팬에 식용유, 버터로 코팅을 하여 스크램블 에그 되도록 젓가락으로 휘저어 주면서 볶아둔 소를 넣고 럭비공 모양으로 말아서 완성한다.

▲ 쉬림프 카나페

1 요구사항

※ 주어진 재료를 사용하여 다음과 같이 '쉬림프 카나페'를 만드시오.

① 새우는 내장을 제거한 후 미르포아를 넣고 삶아서 껍질을 제거하시오.
② 식빵은 직경 4㎝ 정도의 원형으로 하고 4개 제시하시오.

2 수험자 유의사항

① 새우를 부서지지 않도록 하고 달걀 삶기에 유의한다.
② 식빵의 수분 흡수에 유의한다.
③ 조리작품 만드는 순서는 틀리지 않게 하여야 한다.
④ 숙련된 기능으로 맛을 내야 하므로 조리작업 시 음식의 맛을 보지 않는다.
⑤ 채점 대상에서 제외되는 경우

- 불을 사용하여 만든 조리작품이 작품 특성에 벗어나는 정도로 타거나 익지 않은 것
- 오작 : 요리의 형태를 다르게 만들거나 해당 과제의 지급 재료 이외의 재료를 사용한 경우
- 미완성 : 문제의 요구사항대로 작품의 수량이 만들어지지 않은 경우
  요구 작품 두 가지 중 한 가지 작품만 만들었을 경우
  주어진 시간 내에 완성하지 못한 경우

Shrimp canape 쉬림프 카나페

시험시간 : 30분

3 지급 재료

재료명	규격	수량
새우		4마리(냉동 1팩당 40)
식빵	샌드위치용	1조각(제조일로부터 하루 경과한 것)
달걀		1개
파슬리	잎, 줄기 포함	1줄기
버터	무염	30g
토마토케첩		10g
소금	정제염	5g
흰 후춧가루		2g
레몬		1/8개[길이(장축)로 등분]
당근		15g(둥근 모양이 유지)
셀러리		15g
양파	중 (150g 정도)	1/8개
이쑤시개		1개

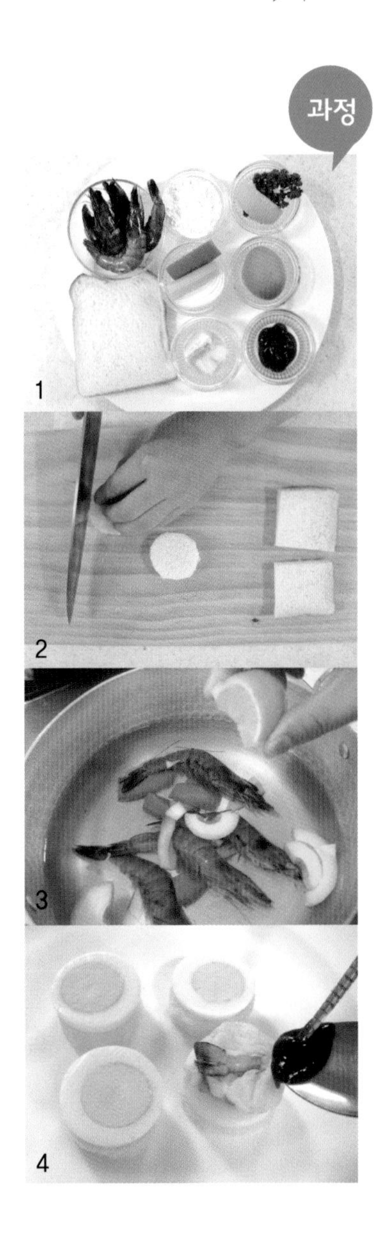

4 조리 방법

① 찬물에 소금, 식초, 달걀을 넣고 완숙으로 노른자 중앙으로 오도록 물이 끓을 때까지 굴려가며 삶아 끓기 시작하면 13분 삶아 냉수에 식혀 껍질을 벗겨 에그커터기로 잘라 준다.

② 식빵은 지름 4cm 원형으로 4개 썰거나(달걀과 동일한 정도) → 앞뒤 드라이 토스트 한다.

③ 새우는 머리와 내장을 제거한다.

④ 〈미르포와〉 당근, 양파, 셀러리는 썰어 준비한다.

⑤ 냄비에 물 500㎖, 소금, 후추 약간, 미르포와, 레몬즙 넣고 끓이다가 껍질째 새우를 넣고 삶아 냉수에 담궈 식힌 후 껍질 벗겨 → 등쪽에 칼집 넣어 세우기 또는 반으로 갈라 준다.

⑥ 식빵 한쪽 면에 버터를 발라준 후 달걀 → 새우 → 케첩 순으로 올려서 파슬리로 장식하여 완성한다.

▲샐러드 부케를 곁들인 참치 타르타르와 채소 비네그레트

1 요구사항

※ 주어진 재료를 사용하여 다음과 같이 '샐러드 부케를 곁들인 참치 타르타르와 채소 비네그레트'를 만드시오.

① 참치는 꽃소금을 사용하여 해동하고, 3~4㎜ 정도의 작은 주사위 모양으로 써시오.
② 채소를 이용하여 샐러드 부케를 만드시오.
③ 참치 타르타르는 테이블 스픈 2개를 사용하여 퀸넬 형태로 3개를 만드시오.
④ 비네그레트는 채소를 가로세로 2㎜ 정도의 작은 주사위 모양으로 썰어서 파슬리와 딜은 다져서 사용하시오.

2 수험자 유의사항

① 썬 참치의 핏물 제거와 색의 변화에 유의하시오.
② 샐러드 부케 만드는 것에 유의하시오.
③ 조리작품 만드는 순서는 틀리지 않게 하여야 한다.
④ 숙련된 기능으로 맛을 내야 하므로 조리작업 시 음식의 맛을 보지 않는다.
⑤ 채점 대상에서 제외되는 경우
- 불을 사용하여 만든 조리작품이 작품 특성에 벗어나는 정도로 타거나 익지 않은 것
- 오작 : 요리의 형태를 다르게 만들거나 해당 과제의 지급 재료 이외의 재료를 사용한 경우
- 미완성 : 문제의 요구사항대로 작품의 수량이 만들어지지 않은 경우
  요구 작품 두 가지 중 한 가지 작품만 만들었을 경우
  주어진 시간 내에 완성하지 못한 경우

샐러드 부케를 곁들인 참치 타르타르와 채소 비네그레트

Tuna Tartar with Salad Bouquet and Vegetable Vinaigrette

시험시간 : 30분

3 지급 재료

재료명	규격	수량
붉은색 참치살		80g(냉동 지급)
그린올리브		2개
케이퍼		5개
올리브오일		5ml
레몬		1/4개[길이(장축)로 등분]
핫소스		5ml
처빌		2줄기
소금	꽃소금	5g
흰 후춧가루		3g
차이브		5줄기(실파로 대체 가능)
롤라로사		1잎(잎상추로 대체 가능)
그린 치커리		2줄기
그린 비타민		4잎
물냉이		5g
붉은색 파프리카		1/4개(5~6cm 정도 길이)
팽이버섯		4g
양파	중(150g 정도)	1/8개
노란색 파프리카	(150g 정도)	1/8개
오이		10g
파슬리	잎, 줄기 포함	1줄기
딜		3줄기
올리브오일		20ml
식초		10ml
소금	정제염	2g
지참 준비물 추가(테이블스푼)		2개(퀸넬용 6×3.5~4cm)

과정

4 조리 방법

① 참치 소금물에 담궈 해동하여 면보에 싸두어 물기를 제거하여 3~4mm 주사위 모양으로 썰어 키친타올에서 핏물을 제거해 준다.

② 〈샐러드 부케〉 롤라로사, 그린 치커리, 그린 비타민, 물냉이는 냉수에 담가 준 후 물기를 제거하여 차이브 일부는 데쳐서 롤라로사, 치커리, 비타민, 물냉이, 팽이, 붉은색 파프리카 일부 채썬 것, 프레시 차이브를 모아 쥐고 데친 차이브로 묶어 샐러드 부케를 만들어 밑둥을 정리하여 속을 파낸 오이에 꽂아 준다.

③ 〈채소 비네그레트〉 붉은색 파프리카, 노란색 파프리카, 양파 일부 작은 주사위 썰어 준 것, 파슬리, 딜 다진 것, 레몬즙, 식초, 소금, 올리브오일 2~3T 넣어가며 거품기로 젓어 섞어 준다.

④ 〈참치소스〉 양파, 그린 올리브, 케이퍼, 처빌은 곱게 다져서 올리브오일 1t, 레몬즙, 핫소스 2t, 소금 1/2t, 흰 후추, 참치살에 섞어 뭉쳐지도록 섞어 → 수저로 퀸넬 형태로 3개를 만들어 완성, 접시에 담는다.

⑤ 접시에 샐러드 부케와 퀸넬 형태 참치을 담고 채소 비네그레트를 곁들여 완성한다.

▲채소로 속을 채운 훈제연어롤

1 요구사항

※주어진 재료를 사용하여 다음과 같이 '훈제연어롤'을 만드시오.

① 주어진 훈제연어를 슬라이스하여 사용하시오.
② 당근, 셀러리, 무, 홍피망, 청피망을 0.3㎝ 정도의 두께로 채 써시오.
③ 채소로 속을 채워 롤을 만드시오.
④ 롤을 만든 뒤 일정한 크기로 6등분하여 제출하시오.

2 수험자 유의사항

① 훈제연어기름 제거에 유의한다.
② 슬라이스한 훈제연어 살이 갈라지지 않도록 한다.
③ 롤은 일정한 두께로 만든다.
④ 조리작품 만드는 순서는 틀리지 않게 하여야 한다.
⑤ 숙련된 기능으로 맛을 내야 하므로 조리작업 시 음식의 맛을 보지 않는다.
⑥ 채점 대상에서 제외되는 경우
- 불을 사용하여 만든 조리작품이 작품 특성에 벗어나는 정도로 타거나 익지 않은 것
- 오작 : 요리의 형태를 다르게 만들거나 해당 과제의 지급 재료 이외의 재료를 사용한 경우
- 미완성 : 문제의 요구사항대로 작품의 수량이 만들어지지 않은 경우
  요구 작품 두 가지 중 한 가지 작품만 만들었을 경우
  주어진 시간 내에 완성하지 못한 경우

채소로 속을 채운 훈제연어롤
Smoked Salmon Roll with Vegetables

시험시간 : 40분 

3 지급 재료

재료명	규격	수량
훈제연어		120g(규일한 두께와 크기로 지급)
당근		40g(길이 방향으로 자근 모양으로 지급)
셀러리		15g
무		15g
홍피망	중(75g 정도)	1/8개(길이로 잘라서)
청피망	중(75g 정도)	1/8개(길이로 잘라서)
양파	중(150g 정도)	1/8개
겨자무(호스래디시)		10g
양상추		15g
레몬		1/4개[길이(장축)로 등분]
생크림	조리용	50g
파슬리	잎, 줄기 포함	1줄기
소금	정제염	5g
흰 후춧가루		5g
케이퍼		6개
지참 준비물 추가	연어나이프	필요 시 지참, 일반 조리용 칼 대체 가능

과정

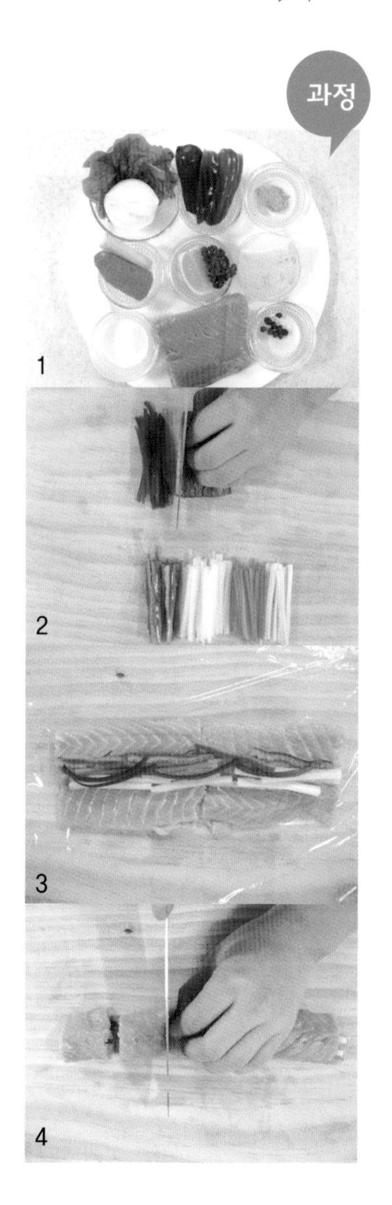

4 조리 방법

① 양상추, 파슬리를 냉수에 담가 준다.

② 양파는 다져서 물에 담가 준다.

③ 당근, 셀러리, 무, 홍피망, 청피망은 0.3×6cm로 채 썰어 준다.

④ 훈제연어는 얇게 슬라이스하여 기름기를 제거한다.

⑤ 〈호스래디시 크림〉 생크림 2T를 거품기로 휘핑하여 호스래디시(물기 제거한 후) 레몬즙, 소금, 흰 후추로 되직한 호스래디시 소스를 만든다.

⑥ 도마 위에 랩을 깔아 준 후 연어 위에 채 썬 채소 넣고 돌돌 말아 준 후 6등분으로 썰어 접시 왼편에 양상추 1쪽씩 깔고 연어롤 담아 완성한다.

⑦ 접시 오른편에 호스래디시 크림, 양파, 케이퍼, 파슬리, 레몬을 담아 준다.

▲브라운 스톡

1 요구사항

※주어진 재료를 사용하여 다음과 같이 '브라운 스톡'을 만드시오.

① 스톡은 맑고, 갈색으로 만드시오.
② 쇠뼈는 핏물을 제거한 후 사용하시오.
③ 완성된 스톡의 양이 200ml 정도 되도록 하여 볼에 담아 내시오.

2 수험자 유의사항

① 불 조절에 유의한다.
② 스톡이 끓을 때 생기는 거품을 걷어내야 한다.
③ 조리작품 만드는 순서는 틀리지 않게 하여야 한다.
④ 숙련된 기능으로 맛을 내야 하므로 조리작업 시 음식의 맛을 보지 않는다.
⑤ 채점 대상에서 제외되는 경우

- 불을 사용하여 만든 조리작품이 작품 특성에 벗어나는 정도로 타거나 익지 않은 것
- 오작 : 요리의 형태를 다르게 만들거나 해당 과제의 지급 재료 이외의 재료를 사용한 경우
- 미완성 : 문제의 요구사항대로 작품의 수량이 만들어지지 않은 경우
  요구 작품 두 가지 중 한 가지 작품만 만들었을 경우
  주어진 시간 내에 완성하지 못한 경우

Brown stock 브라운스톡

시험시간 : 30분

3 지급 재료

재료명	규격	수량
쇠뼈		150g(2~3cm 정도 자른 것)
양파	중(150g 정도)	1/2개
셀러리		30g
당근		40g(둥근 모양이 자른 것)
토마토	중(150g 정도)	1개
버터		5g
식용유		50ml
검은 후춧가루		4g
월계수 잎		1잎
정향		1개
파슬리		1줄기

4 조리 방법

① 쇠뼈는 냉수에 담가서 핏물을 제거하여 → 끓는 물에 데쳐서 기름을 제거해준다.

② 셀러리, 양파, 당근은 5×0.3×0.3cm로 채 썰어 준다.

③ 토마토 껍질, 씨 제거하여 굵직하게 썬다.

④ 팬에 버터를 녹인 후 쇠뼈를 태우지 않게 구워주고 양파, 당근, 셀러리는 진한 갈색이 나도록 볶아 준다.

⑤ 냄비에 진한 갈색을 낸 쇠뼈와 채소, 물 200㎖, 통후추(으깬 것), 월계수 잎, 정향, 파슬리 줄기, 토마토를 넣고 끓여 준다.

⑥ 맑은 갈색의 스톡이 완성되면 면보에 걸러서 200㎖를 담아 완성한다.

과정

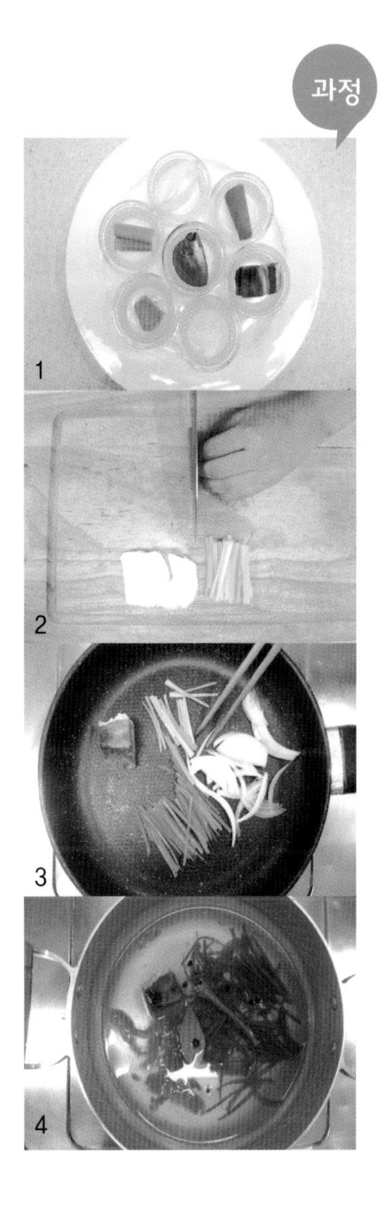

베지터블 스톡

Vegetable stock

1 지급 재료

재료명	규격	수량
양파		150g
셀러리		80g
당근		80g
대파	흰 부분	100g
마늘		5개
월계수 잎		2개
파슬리	잎 제거	1줄기
타임		1g
통후추		1g
물		4L

2 조리 방법

① 양파, 셀러리, 당근, 대파는 슬라이스 하여 준비한다.

② 냄비에 슬라이스 해 둔 양파, 셀러리, 당근, 대파와 마늘, 월계수잎, 파슬리, 타임, 통후추를 넣고 찬물을 부어 센 불로 가열한다.

③ 끓기 시작하면 약한 불로 줄여 30~40분 정도 끓인다. 끓이는 도중 표면에 뜬 불순물은 수시로 제거해 준다.

④ 다 끓인 스톡은 소창에 거른 뒤, 냉각한다.

치킨 스톡

Chicken stock

1 지급 재료

재료명	규격	수량
닭뼈		1kg
양파		150g
당근		80g
셀러리		80g
대파	흰 부분	100g
마늘		2개
월계수 잎		1개
정향		1개
타임		2g
통후추		3g
물		4L

2 조리 방법

① 닭뼈는 흐르는 물에 씻어낸 후, 찬물에 담가 핏물을 제거한다.

② 양파, 당근, 셀러리는 슬라이스 한 뒤 달궈진 팬에 기름을 두르고 색이 나지 않도록 살짝 볶는다.

③ 핏물 제거한 닭뼈는 뜨거운 물에 데치거나 팬에 기름을 두르고 색이 나지 않도록 살짝 굽는다.

④ 냄비에 ②, ③과 대파 흰 부분, 칼등으로 으깬 마늘, 월계수 잎, 정향, 타임, 으깬 통후추, 찬 물을 부어 센 불로 가열한다. 끓기 시작하면 약한 불로 줄여 2~3시간 끓인다. 끓이는 도중 표면에 뜬 불순물은 수시로 제거해 준다.

⑤ 다 끓인 스톡은 소창에 거른 뒤, 냉각한다.

쿠르부용

Court bouillon

1 지급 재료

재료명	규격	수량
양파	중(150g 정도)	150g
셀러리		100g
파슬리		1줄기
식초		30ml
월계수 잎		1장
화이트 와인		50ml
타임		5g
통후추		5g
레몬		1개
소금		3g
물		3L

2 조리 방법

① 양파, 셀러리는 슬라이스 한다.

② 찬물에 ① 외에 준비된 모든 재료를 한 번에 넣어 센 불로 끓이고, 끓기 시작하면 약한 불로 줄여 20~30분간 끓인다.

③ 다 끓으면 소창에 거른 뒤, 냉각한다.

피시 스톡

Fish stock

1 지급 재료

재료명	규격	수량
생선 뼈	2~3cm로 자른 것	150g
양파	중(150g 정도)	50g
셀러리		30g
양송이		20g
마늘		15g
파슬리		1줄기
화이트 와인		15ml
버터	무염	15g
타임		1g
월계수 잎		1/2개
통후추		1g
브랜디		10ml
정향		1개
레몬		1/6개
물		3L

2 조리 방법

① 생선 뼈는 2~3cm 크기로 자른 뒤 흐르는 물에 씻어낸 뒤, 찬물에 담가 핏물을 뺀다.

② 양파, 셀러리, 양송이는 슬라이스 한 뒤 버터를 녹인 팬에 색이 나지 않게 살짝 볶는다.

③ 찬물에 담갔던 생선 뼈는 끓는 물에 살짝 데치거나, 버터를 녹인 팬에 색이 나지 않게 살짝 볶는다.

④ 냄비에 ②, ③과 칼등으로 으깬 마늘, 파슬리 줄기, 화이트 와인, 타임, 월계수 잎, 으깬 통후추, 브랜디, 정향, 레몬즙, 찬물을 넣어 센 불로 끓이고 끓기 시작하면 약한 불로 줄여 20~30분간 끓인다. 끓이는 도중 표면에 뜬 불순물은 수시로 제거해 준다.

⑤ 다 끓인 스톡은 소창에 거른 뒤, 냉각한다.

▲비프콩소메 수프

1 요구사항

※ 주어진 재료를 사용하여 다음과 같이 '비프콩소메 수프'를 만드시오.

① 완성된 수프는 맑고 갈색이 되도록 하시오.

② 완성된 수프의 양은 200㎖ 정도 되도록 하시오.

2 수험자 유의사항

① 맑고, 갈색의 수프가 되도록 불 조절에 유의한다.

② 조리 작품 만드는 순서는 틀리지 않게 하여야 한다.

③ 숙련된 기능으로 맛을 내야 하므로 조리 작업 시 음식의 맛을 보지 않는다.

④ 채점 대상에서 제외되는 경우

- 불을 사용하여 만든 조리 작품이 작품 특성에 벗어나는 정도로 타거나 익지 않은 것
- 오작: 요리의 형태를 다르게 만들거나 해당 과제의 지급 재료 이외의 재료를 사용한 경우
- 미완성: 문제의 요구사항대로 작품의 수량이 만들어지지 않은 경우
  요구 작품 두 가지 중 한 가지 작품만 만들었을 경우
  주어진 시간 내에 완성하지 못한 경우

beef consomme soup 비프콩소메수프

시험시간 : 50분

3 지급 재료

재료명	규격	수량
쇠고기	살코기	70g(갈은 것)
양파	중(150g 정도)	1개
당근		40g(둥근 모양이 유지되게 등분)
셀러리		30g
달걀		1개
소금	정제염	2g
검은 후춧가루		2g
검은 통후추		1개
파슬리	잎, 줄기 포함	1줄기
월계수 잎		1잎
토마토	중(150g 정도)	1/4개
비프스톡(육수)		500ml(물로 대체 가능)
정향		1g

4 조리 방법

① 양파, 당근, 셀러리 0.2cm 굵기로 채를 썰어 준다.

② 토마토는 껍질과 씨를 제거한 후 굵게 다져준다.

③ 냄비에 채 썬 양파를 화이트 와인(지급 시)과 소량의 물을 첨가하면서 갈색이 나도록 볶아준 후 육수(물) 500㎖와 으깬 통후추, 월계수 잎, 정향을 넣고 달걀흰자는 거품 100% 쳐서 채 썰은 당근, 셀러리, 다진 쇠고기(핏물 제거), 다진 토마토를 달걀 거품에 섞어 도넛 모양으로 돌아가면서 넣어 가운데를 뚫어주어 넘치지 않도록 약간 약한 불로 끓여 투명해지면 면보에 이중으로 걸러서 소금, 후추 간을 하여 완성한다.

과정

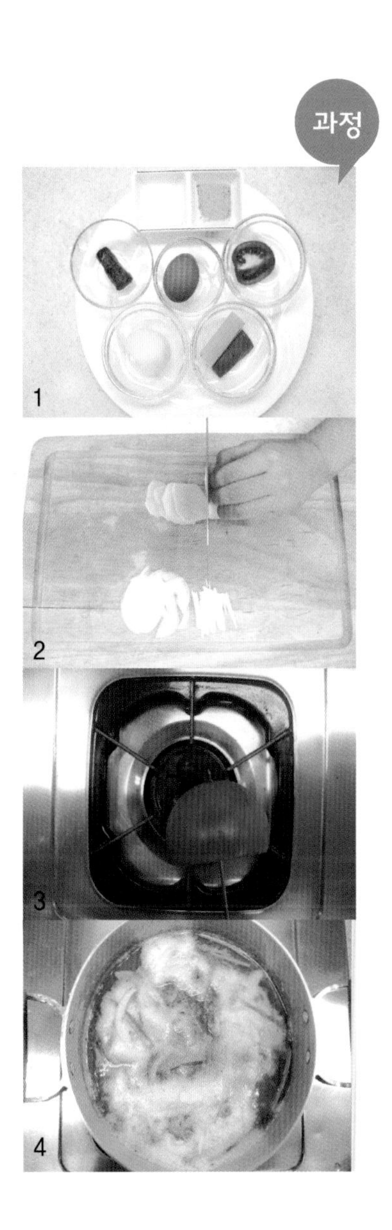

▲피시차우더 수프

1 요구사항

※ 주어진 재료를 사용하여 다음과 같이 '피시차우더 수프'를 만드시오.

① 차우더 수프의 농도를 맞추시오.
② 채소는 사방 0.7㎝, 두께 0.1㎝로, 생선은 1㎝ 폭과 길이로 써시오.
③ 완성된 수프는 200㎖ 정도로 내시오.

2 수험자 유의사항

① 피시스톡을 만들어 사용하고 수프는 흰색이 나와야 한다.
② 베이컨은 기름을 빼고 사용한다.
③ 조리 작품 만드는 순서는 틀리지 않게 하여야 한다.
④ 숙련된 기능으로 맛을 내야 하므로 조리 작업 시 음식의 맛을 보지 않는다.
⑤ 채점 대상에서 제외되는 경우

- 불을 사용하여 만든 조리 작품이 작품 특성에 벗어나는 정도로 타거나 익지 않은 것
- 오작: 요리의 형태를 다르게 만들거나 해당 과제의 지급 재료 이외의 재료를 사용한 경우
- 미완성: 문제의 요구사항대로 작품의 수량이 만들어지지 않은 경우
  요구 작품 두 가지 중 한 가지 작품만 만들었을 경우
  주어진 시간 내에 완성하지 못한 경우

Fish chowder soup 피시 차우더 수프

시험시간 : 30분

3 지급 재료

재료명	규격	수량
대구살		50g(해동 지급)
감자	150g 정도	1/5개
베이컨	길이 25~30cm	1/2조각
양파	중(150g 정도)	1/6개
셀러리		30g
버터	무염	20g
밀가루	중력분	15g
우유		200ml
소금	정제염	2g
흰 후춧가루		2g
정향		1개
월계수 잎		1잎

과정

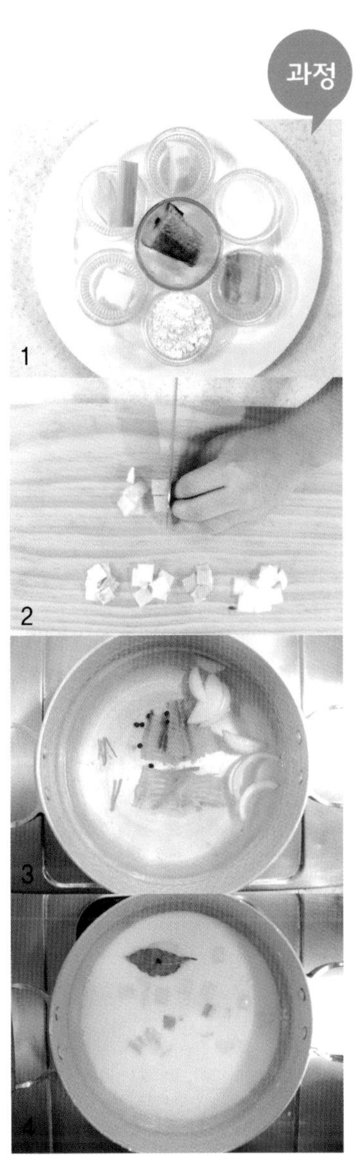

4 조리 방법

① 대구살은 1.2×1.2cm 썰어 준다.

② 감자, 양파, 셀러리 0.7×0.7×0.1cm 두께로 썰어 준다.

③ 베이컨 1.2×1.2cm 썰어서 끓는 물에 데쳐 준다.

④ 냄비에 물 2컵, 월계수 잎, 정향, 통후추를 넣고 끓이다 대구살을 데친 후 대구살은 건져둔 후 스톡은 면보에 걸러준다.

⑤ 팬에 버터를 둘러 준 후 양파, 셀러리, 감자 순으로 볶아준다.

⑥ 냄비에 버터 1.5T, 밀가루 2T를 볶아 화이트 루를 만들어 준 후 스톡 300~400㎖을 넣고 월계수 잎, 정향, 채소를 넣고 거품을 제거하면서 끓여 주다가 생선살, 베이컨을 넣고 농도 맞춰 끓여 우유 4~5T, 소금, 흰 후추로 간을 하여 완성한다.

⑦ 약 1컵 이상 담기(국물 3 : 건더기 1)

▲ 프랜치오니온 수프

1 요구사항

※ 주어진 재료를 사용하여 다음과 같이 '프랜치오니온 수프'를 만드시오.

① 양파는 5㎝ 크기의 길이로 일정하게 써시오.
② 바게트빵은 구워서 사용하시오.
③ 완성된 수프의 양은 200㎖ 정도로 내시오.

2 수험자 유의사항

① 수프의 색깔이 갈색이 나도록 하여야 한다.
② 조리작품 만드는 순서는 틀리지 않게 하여야 한다.
③ 숙련된 기능으로 맛을 내야 하므로 조리작업 시 음식의 맛을 보지 않는다.
④ 채점 대상에서 제외되는 경우

- 불을 사용하여 만든 조리작품이 작품 특성에 벗어나는 정도로 타거나 익지 않은 것
- 오작 : 요리의 형태를 다르게 만들거나 해당 과제의 지급 재료 이외의 재료를 사용한 경우
- 미완성 : 문제의 요구사항대로 작품의 수량이 만들어지지 않은 경우
  요구 작품 두 가지 중 한 가지 작품만 만들었을 경우
  주어진 시간 내에 완성하지 못한 경우

French onion soup 프랜치 오니온수프

시험시간 : 40분

3 지급 재료

재료명	규격	수량
양파	대(200g 정도)	1개
바게트빵		1조각
버터	무염	20g
소금	정제염	2g
버터	무염	50g
검은 후춧가루		1g
파마산 치즈		10g
백포도주		15ml
마늘	중(깐 것)	1쪽
파슬리	잎, 줄기 포함	1줄기
맑은 스톡 (비프스톡 또는 콘소메)		3개(물로 대체 가능)

4 조리 방법

① 양파는 5×0.3cm로 채 썰어 냄비에 버터 약간 녹여서 중불 이상에서 양파 백포도주를 넣어가면서 갈색이 나도록 볶아 주다가 물 400㎖ 넣어 끓여 준 후 소금, 후추 간을 한다.

② 마늘은 다지고 파슬리는 chop 하여서 버터를 섞어 준 후 바게트빵 한 쪽 면에 마늘, 버터를 발라서 구어 파마산치즈를 뿌려 준다

③ 국물, 양파 건더기와 함께 담아서 바게뜨빵을 띄워서 완성한다.

과정

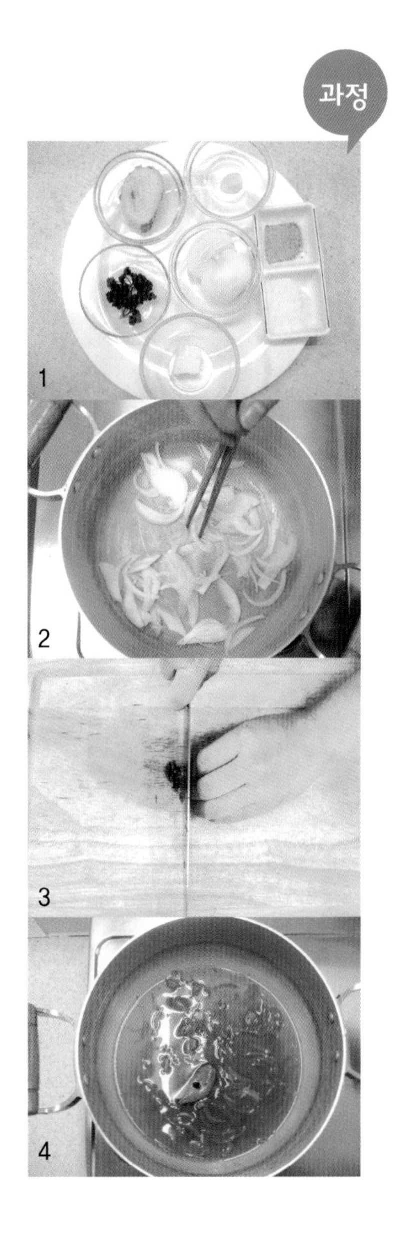

▲ 포테이토 크림 수프

1 요구사항

※ 주어진 재료를 사용하여 다음과 같이 '포테이토 크림 수프'를 만드시오.

① 완성된 수프의 양이 200㎖ 정도 되도록 하시오.
② 수프의 색과 농도를 맞추시오.
③ 크루톤(crouton)의 크기는 사방 0.8~1㎝ 정도로 만들어 버터에 볶아 수프에 띄우시오.

2 수험자 유의사항

① 수프의 농도를 잘 맞추어야 한다.
② 수프를 끓일 때 생기는 거품을 걷어 내어야 한다.
③ 조리작품 만드는 순서는 틀리지 않게 하여야 한다.
④ 숙련된 기능으로 맛을 내야 하므로 조리작업 시 음식의 맛을 보지 않는다.
⑤ 채점 대상에서 제외되는 경우

- 불을 사용하여 만든 조리작품이 작품 특성에 벗어나는 정도로 타거나 익지 않은 것
- 오작 : 요리의 형태를 다르게 만들거나 해당 과제의 지급 재료 이외의 재료를 사용한 경우
- 미완성 : 문제의 요구사항대로 작품의 수량이 만들어지지 않은 경우
  요구 작품 두 가지 중 한 가지 작품만 만들었을 경우
  주어진 시간 내에 완성하지 못한 경우

Potato cream soup 포테이토크림수프

시험시간 : 30분

3 지급 재료

재료명	규격	수량
감자	200g 정도	1개
대파	흰 부분 10cm	1토막
양파	중(150g 정도)	1/4개
버터	무염	15g
치킨 스톡		270ml(물로 대체 가능)
생크림	조리용	20g
식빵	샌드위치용	1조각
소금	정제염	2g
흰 후춧가루		1g
월계수 잎		1잎

과정

4 조리 방법

① 감자는 얇게 편으로 썰어 냉수에 담가 준다.

② 양파와 대파 흰 부분은 채 썰어 준다.

③ 크루통 만들기(식빵 테두리 잘라내고 1×1cm 썰기 → 마른 팬에 약불로 연한 갈색이 나도록 사방으로 드라이 토스트 하기)

④ 냄비에 버터를 녹여 양파, 대파, 감자 순으로 볶아 준 후 물 400㎖, 월계수 잎을 넣고 뚜껑을 덮어 강, 중불로 푹 끓여서 체에 내려서 농도를 맞춰 재차 끓여서 생크림, 소금, 흰 후추 간을 해준다.

⑤ 수프는 그릇에 담아 크루통을 띄워서 완성한다.

▲ 미네스트로네 수프

1 요구사항

※ 주어진 재료를 사용하여 다음과 같이 '미네스트로네 수프'를 만드시오.

① 채소는 사방 1.2㎝, 두께 0.2㎝ 정도로 써시오.
② 스트링빈스, 스파게티는 1.2㎝ 정도의 길이로 써시오.
③ 국물과 고형물의 비율을 3 : 1로 하시오.
④ 파슬리가루를 뿌리시오.

2 수험자 유의사항

① 수프의 색과 농도를 잘 맞추어야 한다.
② 조리작품 만드는 순서는 틀리지 않게 하여야 한다.
③ 숙련된 기능으로 맛을 내야 하므로 조리작업 시 음식의 맛을 보지 않는다.
④ 채점 대상에서 제외되는 경우

- 불을 사용하여 만든 조리작품이 작품 특성에 벗어나는 정도로 타거나 익지 않은 것
- 오작 : 요리의 형태를 다르게 만들거나 해당 과제의 지급 재료 이외의 재료를 사용한 경우
- 미완성 : 문제의 요구사항대로 작품의 수량이 만들어지지 않은 경우
  요구 작품 두 가지 중 한 가지 작품만 만들었을 경우
  주어진 시간 내에 완성하지 못한 경우

Minestrone soup 미네스트로네수프

시험시간 : 30분

3 지급 재료

재료명	규격	수량
양파	중(150g 정도)	1/4개
셀러리		30g
당근		40g(둥근 모양이 유지)
무		10g
양배추		40g
버터	무염	5g
스트링빈스		2줄기(냉동, 채두 대체 가능)
완두콩		5알
토마토	중(150g 정도)	1/8개
스파게티		2가닥
토마토 페이스트		15g
파슬리	잎, 줄기	1줄기
베이컨	길이 25~30cm	1/2조각
마늘	중 (깐 것)	1쪽
소금	정제염	2g
검은 후춧가루		2g
치킨스톡		200ml(물로 대체 가능)
월계수 잎		1잎
정향		1개

과정

4 조리 방법

① 스파게티는 끓는 물에 2등분으로 잘라서 7~8분 정도 삶아서 1.2cm 썰어 준다.

② 베이컨 1.2×1.2cm로 썰어서 끓는 물에 데쳐서 기름기를 제거한다.

③ 무, 양파, 샐러리, 양배추, 당근, 껍질콩 1.2×1.2×0.2cm로 썰어 준다.

④ 토마토 껍질과 씨를 제거한 후 굵게 chop 해준다.

⑤ 마늘은 chop 한다.

⑥ 파슬리는 chop 한 후 흐르는 물에 씻어 물기를 제거한다.

⑦ 냄비에 버터 1/3Ts → 마늘을 살짝 볶은 후 단단한 채소 순으로 볶기 → 토마토페이스트 1.5T 넣고 볶아 준다. → 물 2C, 토마토, 파슬리 줄기, 월계수 잎, 정향(부케가르니)을 넣고 거품 제거를 하면서 끓여준 후 스트링빈스, 완두콩, 베이컨, 스파게티 넣고 농도를 맞춰 끓여 준다. → 파슬리대, 부케가르니는 건져 버리고 소금, 후추 간을 하여 완성한다.

⑧ 완성 그릇에 국물 3 : 건더기 1 비율로 담아 준다. → 파슬리 chop을 뿌려 준다.

▲브라운 그래비 소스

1 요구사항

※ 주어진 재료를 사용하여 다음과 같이 '브라운 그래비 소스'를 만드시오.

① 브라운 루(Brown Roux)를 만들어 사용하시오.
② 완성된 작품의 양은 200㎖ 정도를 만드시오.

2 수험자 유의사항

① 브라운 루(Brown Roux)가 타지 않도록 한다.
② 소스의 농도에 유의한다.
③ 조리작품 만드는 순서는 틀리지 않게 하여야 한다.
④ 숙련된 기능으로 맛을 내야 하므로 조리작업 시 음식의 맛을 보지 않는다.
⑤ 채점 대상에서 제외되는 경우

- 불을 사용하여 만든 조리작품이 작품 특성에 벗어나는 정도로 타거나 익지 않은 것
- 오작 : 요리의 형태를 다르게 만들거나 해당 과제의 지급 재료 이외의 재료를 사용한 경우
- 미완성 : 문제의 요구사항대로 작품의 수량이 만들어지지 않은 경우
  요구 작품 두 가지 중 한 가지 작품만 만들었을 경우
  주어진 시간 내에 완성하지 못한 경우

Brown gravy sauce

브라운 그래비 소스

시험시간 : 30분

3 지급 재료

재료명	규격	수량
양파	중(150g 정도)	1/6개
셀러리		30g
당근		40g(둥근 모양이 유지)
밀가루	중력분	30g
버터	무염	30g
토마토 페이스트		30g
브라운스톡		300ml(물로 대체 가능)
소금	정제염	2g
검은 후춧가루		1g
월계수 잎		1잎
정향		1개

4 조리 방법

① 양파, 셀러리, 당근은 5×0.3×0.3㎝ 채 썰어준 후 → 팬에 버터를 두르고 갈색이 나도록 소량에 물을 넣어가면서 볶아 준다.

② 냄비에 버터 2.5T, 밀가루 3~4T를 넣고 갈색이 나도록 볶아 브라운 루를 만들어 준 후 → 토마토 페이스트 1T를 넣어 볶아준다. → 물 300㎖와 볶은 채소, 월계수 잎, 정향(부케가르니)을 넣고 한 컵이 되도록 끓여 준다.

③ 굵은 체에 걸러준 후 → 소금, 후추 간을 하여 완성한다.

④ 200㎖ 이상 담아 제출한다.

※채소가 타지 않도록 주의한다.

과정

▲토마토소스

1 요구사항

※ 주어진 재료를 사용하여 다음과 같이 '토마토소스'를 만드시오.

① 모든 재료는 다져서 사용하시오.
② 브론드 루(bronde roux)를 만들어서 소스를 만드시오.
③ 완성된 소스의 양이 200㎖ 정도 되게 하시오.

2 수험자 유의사항

① 소스의 농도와 색깔에 유의한다.
② 조리작품 만드는 순서는 틀리지 않게 하여야 한다.
③ 숙련된 기능으로 맛을 내야 하므로 조리작업 시 음식의 맛을 보지 않는다.
④ 채점 대상에서 제외되는 경우

- 불을 사용하여 만든 조리작품이 작품 특성에 벗어나는 정도로 타거나 익지 않은 것
- 오작 : 요리의 형태를 다르게 만들거나 해당 과제의 지급 재료 이외의 재료를 사용한 경우
- 미완성 : 문제의 요구사항대로 작품의 수량이 만들어지지 않은 경우
  요구 작품 두 가지 중 한 가지 작품만 만들었을 경우
  주어진 시간 내에 완성하지 못한 경우

Tomato sauce 토마토소스

시험시간 : 30분

3 지급 재료

재료명	규격	수량
토마토	중(150g 정도)	1개
토마토 페이스트		20g
당근		40g(둥근 모양이 유지)
양파	중(150g 정도)	1/6개
셀러리		30g
베이컨	길이 25~30cm	1/2조각
마늘	중(깐 것)	1쪽
치킨 스톡		320ml(물로 대체 가능)
밀가루	중력분	10g
버터	무염	20g
파슬리	잎, 줄기 포함	1줄기
월계수 잎		1잎
흰 통후추		3개(검은 통후추 대체가능)
소금	정제염	2g
검은 후춧가루		1g
정향		1개

과정

4 조리 방법

① 마늘, 베이컨, 양파, 셀러리, 당근은 0.3cm 두께로 다져 준다.

② 토마토는 열십자로 칼집을 내고 끓는 물에 넣었다 껍질, 씨 제거하여 굵직하게 다져 준다.

③ 팬에 버터를 녹여 베이컨, 마늘 , 양파, 당근, 셀러리 순으로 볶아 준다.

④ 냄비에 버터 2.5T, 밀가루 3~4T를 넣고 볶아 브론드 루를 만들어 준 후 토마토 페이스트 2T 넣고 볶아 주다 물 3~3.5컵과 볶은 채소, 월계수 잎, 파슬리 줄기, 다진 토마토, 으깬 통후추, 정향 넣고 끓여 준 후 굵은 체에 걸러서 소금, 후추 간을 하여 완성한다.

▲홀렌다이 소스

1 요구사항

※주어진 재료를 사용하여 다음과 같이 '홀렌다이 소스'를 만드시오.

① 소스가 굳지 않게 그릇에 담아내시오.

2 수험자 유의사항

① 소스의 농도에 유의한다.

② 조리작품 만드는 순서는 틀리지 않게 하여야 한다.

③ 숙련된 기능으로 맛을 내야 하므로 조리작업 시 음식의 맛을 보지 않는다.

④ 채점 대상에서 제외되는 경우

- 불을 사용하여 만든 조리작품이 작품 특성에 벗어나는 정도로 타거나 익지 않은 것
- 오작 : 요리의 형태를 다르게 만들거나 해당 과제의 지급 재료 이외의 재료를 사용한 경우
- 미완성 : 문제의 요구사항대로 작품의 수량이 만들어지지 않은 경우
  요구 작품 두 가지 중 한 가지 작품만 만들었을 경우
  주어진 시간 내에 완성하지 못한 경우

Hollandaise sauce 홀렌다이 소스

시험시간 : 25분

3 지급 재료

재료명	규격	수량
달걀		1개
양파	중(150g 정도)	1/8개
식초		10ml
검은 통후추		3개
버터	무염	100g
레몬		1/4개[길이(장축)로 등분]
월계수 잎		1잎
파슬리	잎, 줄기 포함	1줄기
소금	정제염	2g
흰 후춧가루		1g

4 조리 방법

① 양파는 굵직하게 다져 주고, 통후추 3알을 칼등으로 으깨서 준비한다.

② 냄비에 물 1/2컵, 다진 양파, 통후추 으깬 것, 식초 1작은술을 넣고 끓여서 향신즙이 4큰술 될 때까지 끓여서 면보에 걸러 향신즙을 완성해 둔다.

③ 버터 100g은 계량컵에 담아서 냄비에서 중탕으로 녹여 준다.

④ 중탕한 물에 젖은 면보를 깔고 프라스틱 그릇을 올려 준 후 그릇에 달걀노른자, 소금을 넣고 거품기로 젓어 주면서 녹혀 둔 버터를 조금씩 넣어가면서 한 방향으로 저어 주면서 향신즙 1큰술을 넣어가면서 농도를 맞추어 준 후 레몬즙을 섞어 완성한다.

과정

▲이탈리안 미트소스

1 요구사항

※ 주어진 재료를 사용하여 다음과 같이 '이탈리안 미트소스'를 만드시오.

① 모든 재료는 다져서 사용하시오.
① 소스의 농도와 색을 맞추시오.
③ 그릇에 담고 파슬리 다진 것을 뿌려내시오.

2 수험자 유의사항

① 소스의 농도에 유의한다.
② 조리작품 만드는 순서는 틀리지 않게 하여야 한다.
③ 숙련된 기능으로 맛을 내야 하므로 조리작업 시 음식의 맛을 보지 않는다.
④ 채점 대상에서 제외되는 경우

- 불을 사용하여 만든 조리작품이 작품 특성에 벗어나는 정도로 타거나 익지 않은 것
- 오작 : 요리의 형태를 다르게 만들거나 해당 과제의 지급 재료 이외의 재료를 사용한 경우
- 미완성 : 문제의 요구사항대로 작품의 수량이 만들어지지 않은 경우
  요구 작품 두 가지 중 한 가지 작품만 만들었을 경우
  주어진 시간 내에 완성하지 못한 경우

Italian meat sauce 이탈리안미트소스

시험시간 : 30분

3 지급 재료

재료명	규격	수량
양파	중(150g 정도)	1/2개
셀러리		30g
쇠고기	살코기 갈은 것	60g
마늘	중(깐 것)	1쪽
버터	무염	10g
토마토 페이스트		30g
캔 토마토	고형물	30g
소금	정제염	2g
검은 후춧가루		1g
월계수 잎		1잎
정향		1개
파슬리	잎, 줄기 포함	1줄기

4 조리 방법

① 양파, 셀러리, 마늘은 0.3cm 입자로 다져 준다.

② 토마토는 굵직하게 다진다.

③ 냄비 버터에 마늘, 양파, 샐러리, 다진 쇠고기 순으로 볶다가 페이스트 1.5큰술을 넣어 볶아준 후 물 300㎖, 토마토, 파슬리 줄기, 월계수 잎과 함께 강, 중불에서 거품을 제거해 주면서 끓여 준다.

④ 파슬리 줄기, 월계수 잎을 건져내고 소스가 자작해지면 소금, 후추 간을 하여 그릇에 담고 파슬리 chop을 뿌려 완성한다.

과정

▲탈탈소스

1 요구사항

※ 주어진 재료를 사용하여 다음과 같이 '탈탈소스'를 만드시오.

① 모든 재료를 0.2㎝ 정도의 크기로 다지시오.
② 소스의 농도를 잘 맞추시오.

2 수험자 유의사항

① 소스의 농도가 너무 묽거나 되지 않아야 한다.
② 채소의 물기 제거에 유의한다.
③ 조리작품 만드는 순서는 틀리지 않게 하여야 한다.
④ 숙련된 기능으로 맛을 내야 하므로 조리작업 시 음식의 맛을 보지 않는다.
⑤ 채점 대상에서 제외되는 경우

- 불을 사용하여 만든 조리작품이 작품 특성에 벗어나는 정도로 타거나 익지 않은 것
- 오작 : 요리의 형태를 다르게 만들거나 해당 과제의 지급 재료 이외의 재료를 사용한 경우
- 미완성 : 문제의 요구사항대로 작품의 수량이 만들어지지 않은 경우
  요구 작품 두 가지 중 한 가지 작품만 만들었을 경우
  주어진 시간 내에 완성하지 못한 경우

Tar tar sauce 탈탈소스

시험시간 : 20분

3 지급 재료

재료명	규격	수량
마요네즈		70g
양파	중(150g 정도)	1/8개
오이피클	개당 25~30g짜리	1/2개
파슬리	잎, 줄기 포함	1줄기
식초		2ml
레몬		1/4개[길이(장축)로 등분]
달걀		1개
소금	정제염	2g
흰 후춧가루		2g

과정

4 조리 방법

① 냄비에 물, 소금, 식초를 넣고 달걀은 완숙으로 삶아 냉수에 식혀서 껍질을 벗겨서 흰자는 다지고, 노른자는 체에 내려 준다.

② 피클, 양파는 곱게 다지고 양파는 소금물에 담갔다가 물기를 제거해 주고 파슬리는 chop하여 준비한다.

③ 달걀, 피클, 양파, 마요네즈, 파슬리 chop 섞어 레몬즙과 식초로 농도 맞추어 완성한다.

마요네즈 소스

Mayonnaise sauce

1 지급 재료

재료명	규격	수량
달걀		1개
식용유		200ml
머스터드		1/4tsp
식초 or 레몬주스		30ml
설탕		5g
소금		약간

2 조리 방법

① 달걀은 흰자와 분리한 뒤 노른자를 실온에 두어 차갑지 않게 준비해 둔다.

② 달걀노른자에 머스터드, 설탕, 소금, 식초 or 레몬주스를 넣어 섞는다.

③②에 식용유를 조금씩 넣어가며 거품기로 되직한 농도가 되도록 저어 준다. 식용유를 한 번에 다 넣으면 분리되기 쉬우므로 주의한다. 농도가 너무 되직할 때에는 식초 or 레몬주스를 넣어 묽게 만들고, 농도가 너무 묽다면 식용유를 더 넣어 되직하게 만들면 된다.

④ 적당한 농도가 되면 그릇에 담아 마무리한다.

베샤멜 소스

Bechamel sauce

1 지급 재료

재료명	규격	수량
우유		150ml
버터		15g
밀가루		150g
생크림		20ml
월계수 잎		1개
정향		1개
흰 후추		약간
소금		약간

2 조리 방법

① 팬에 버터를 녹이고 동량의 밀가루를 넣는다. 이때 약한 불에 색이 나지 않도록 천천히 볶는다.

②①에 우유, 생크림을 조금씩 넣어 저으며 루를 풀어준다. 이때 차가운 우유나 생크림을 한꺼번에 다 넣으면 루가 덩어리져서 잘 풀리지 않으므로 주의한다.

③②에 월계수 잎, 정향을 넣고 끓이다가 마지막에 소금, 후추를 넣어 간을 한 뒤 마무리한다. 마무리 후에는 월계수 잎과 정향을 꺼낸다. 루가 덩어리져 있다면 체에 걸러 주면 된다.

치킨 벨루테 소스

Chicken veloute sauce

1 지급 재료

재료명	규격	수량
닭 뼈		100g
양파		50g
당근		25g
셀러리		25g
월계수 잎		1개
정향		1개
소금		약간
후추		약간
버터		50g
밀가루		50g

2 조리 방법

① 닭 뼈는 흐르는 물에 씻어낸 후, 찬물에 담가 핏물을 제거한다.

② 양파, 당근, 셀러리는 슬라이스 한 뒤 달궈진 팬에 기름을 두르고 색이 나지 않도록 살짝 볶는다.

③ 핏물 제거한 닭 뼈는 뜨거운 물에 데치거나 팬에 기름을 두르고 색이 나지 않도록 살짝 굽는다.

④ 냄비에 ②, ③과 월계수 잎, 정향, 으깬 통후추, 찬물을 넣어 센 불로 끓이고 끓기 시작하면 약한 불로 줄여 2~3시간 끓인다. 끓이는 도중 표면에 뜬 불순물은 수시로 제거해 준다.

⑤ 다 끓인 스톡은 소창에 거른다.

⑥ 팬에 버터를 녹이고 동량의 밀가루를 넣어 약한 불에서 블론드 색의 루를 만든다. 여기에 다 끓인 ⑤의 스톡을 조금씩 넣어주며 루를 풀어준다. 이때 차가운 스톡을 넣으면 루가 덩어리가 져서 잘 풀어지지 않으므로, 뜨거운 스톡을 넣어 풀어 주는 게 좋다.

⑦ 루가 잘 풀어준 뒤 소금을 넣어 마무리한다. 이때 루가 잘 풀어지지 않았다면 체에 걸러 주면 된다.

스패니쉬 소스

Spanish sauce

1 지급 재료

재료명	규격	수량
토마토 소스		50ml
양파		20g
청고추		20g
홍고추		10g
마늘		2g
양송이		10g
파슬리		0.5g
버터		10g
치킨 스톡		60ml
소금		약간
흰 후추		약간

2 조리 방법

① 마늘, 양파, 버섯, 파슬리를 다지고 청고추, 홍고추를 다져 놓는다.

② 치킨스톡을 준비한다.

③ 팬에 버터를 넣고 다진 마늘, 양파, 버섯을 볶다 청고추, 홍고추를 넣고 볶는다.

④ 토마토 소스를 넣고 볶다 치킨스톡, 월계수 잎을 넣고 끓여 준다. 마무리되면 월계수 잎은 꺼낸다.

⑤ 소금, 후추로 간을 한 후 다진 파슬리를 첨가한다.

▲ 월도프 샐러드

1 요구사항

※ 주어진 재료를 사용하여 다음과 같이 '월도프 샐러드'를 만드시오.

① 사과, 샐러드, 호두알을 사방 1㎝ 정도의 크기로 써시오.
② 사과의 껍질과 호두알의 속껍질을 벗겨 사용하시오.
③ 상추를 깔고 놓으시오.

2 수험자 유의사항

① 사과의 변색에 유의한다.
② 조리작품 만드는 순서는 틀리지 않게 하여야 한다.
③ 숙련된 기능으로 맛을 내야 하므로 조리작업 시 음식의 맛을 보지 않는다.
④ 채점 대상에서 제외되는 경우

- 불을 사용하여 만든 조리작품이 작품 특성에 벗어나는 정도로 타거나 익지 않은 것
- 오작 : 요리의 형태를 다르게 만들거나 해당 과제의 지급 재료 이외의 재료를 사용한 경우
- 미완성 : 문제의 요구사항대로 작품의 수량이 만들어지지 않은 경우
  요구 작품 두 가지 중 한 가지 작품만 만들었을 경우
  주어진 시간 내에 완성하지 못한 경우

Waldorf salad 월도프 샐러드

시험시간 : 20분

3 지급 재료

재료명	규격	수량
사과	200~250g 정도	1개
셀러리		30g
호두	중(겉껍질 제거한 것)	2개
레몬		1/4개[길이(장축)로 등분]
소금	정제염	2g
흰 후춧가루		1g
마요네즈		60g
양상추		20g(2잎 정도) (잎상추로 대체가능)
이쑤시개		1개

4 조리 방법

① 호두는 따뜻한 물에 담가 두었다가 껍질을 이쑤시개를 이용해서 벗겨 내준다.

② 사과는 사방 1cm 주사위 모양으로 썰어 물에 담가 준다.

③ 셀러리는 섬유질을 제거하여 1cm 크기로 썰어 준다.

④ 호두 1cm 크기로 썰고 나머지는 굵게 다져 준다.

⑤ 사과는 면보로 물기를 제거한 후 셀러리, 호두, 소금, 흰 후추, 마요네즈에 버무려 준다.

⑥ 접시에 상추 1장을 깔고 완성된 샐러드를 담아 준 후 다진 호두를 뿌려 완성한다.

과정

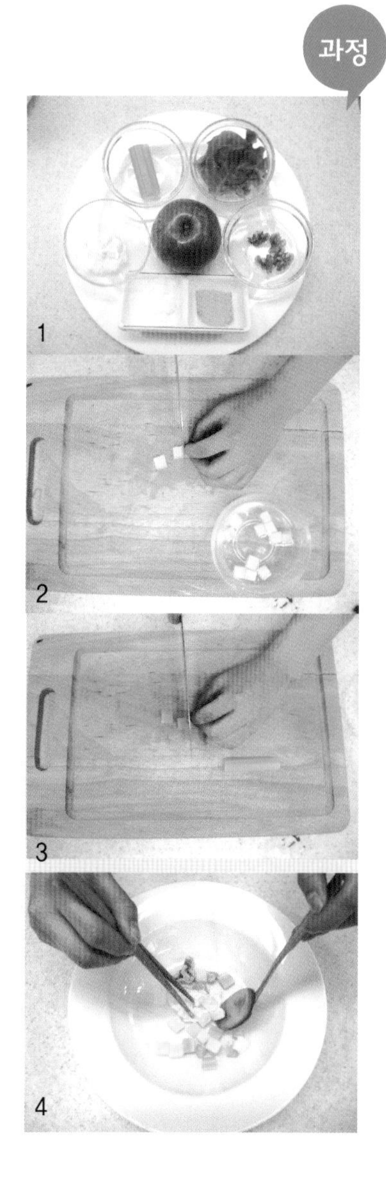

▲포테이토 샐러드

1 요구사항

※ 주어진 재료를 사용하여 다음과 같이 '포테이토 샐러드'를 만드시오.

① 감자는 1㎝ 정도의 정육면체로 써시오.
② 감자는 껍질을 벗긴 후 썰어서 삶으시오.
③ 양파와 파슬리는 다지시오.

2 수험자 유의사항

① 감자는 잘 익고 부서지지 않도록 유의하고 양파의 매운맛 제거에 유의한다.
② 양파와 파슬리는 뭉치지 않도록 버무린다.
③ 조리작품 만드는 순서는 틀리지 않게 하여야 한다.
④ 숙련된 기능으로 맛을 내야 하므로 조리작업 시 음식의 맛을 보지 않는다.
⑤ 채점 대상에서 제외되는 경우

- 불을 사용하여 만든 조리작품이 작품 특성에 벗어나는 정도로 타거나 익지 않은 것
- 오작 : 요리의 형태를 다르게 만들거나 해당 과제의 지급 재료 이외의 재료를 사용한 경우
- 미완성 : 문제의 요구사항대로 작품의 수량이 만들어지지 않은 경우
  요구 작품 두 가지 중 한 가지 작품만 만들었을 경우
  주어진 시간 내에 완성하지 못한 경우

Potato salad 포테이토 샐러드

시험시간 : 30분 

3 지급 재료

재료명	규격	수량
감자	150g 정도	1개
양파	중(150g 정도)	1/6개
파슬리	잎, 줄기포함	1줄기
소금	정제염	5g
흰 후춧가루		1g
마요네즈		50g

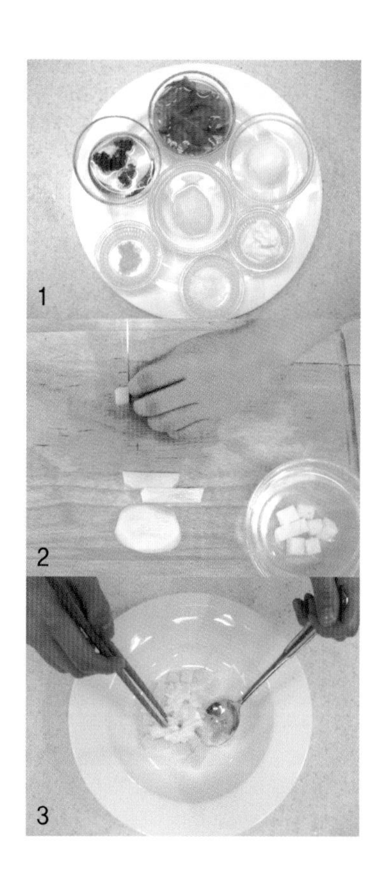

4 조리 방법

① 감자는 껍질을 벗겨 1×1cm 주사위 모양으로 썰어 끓는 물에 소금 약간 넣고 삶아 체로 건져서 물기를 제거한다.

② 양파는 다져서 소금물에 담가 두었다가 물기를 제거한다.

③ 파슬리 chop 해서 물에 씻어 물기를 제거한다.

④ 감자, 양파, 마요네즈, 소금, 흰 후추로 버무려 파슬리 chop을 뿌려 완성한다.

▲해산물 샐러드

1 요구사항

※ 주어진 재료를 사용하여 다음과 같이 '해산물 샐러드'를 만드시오.

① 미르포아, 향신료, 레몬을 이용하여 쿠르부용을 만드시오.
② 준비된 쿠르부용에 해산물을 질기지 않도록 익히시오.
③ 샐러드 채소는 깨끗이 손질하여 싱싱하게 하시오.
④ 레몬 비네그레트는 분리되지 않게 만드시오.

2 수험자 유의사항

① 조리작품 만드는 순서는 틀리지 않게 하여야 한다.
② 숙련된 기능으로 맛을 내야 하므로 조리작업 시 음식의 맛을 보지 않는다.
③ 채점 대상에서 제외되는 경우

- 불을 사용하여 만든 조리작품이 작품 특성에 벗어나는 정도로 타거나 익지 않은 것
- 오작 : 요리의 형태를 다르게 만들거나 해당 과제의 지급 재료 이외의 재료를 사용한 경우
- 미완성 : 문제의 요구사항대로 작품의 수량이 만들어지지 않은 경우
  요구 작품 두 가지 중 한 가지 작품만 만들었을 경우
  주어진 시간 내에 완성하지 못한 경우

SeafoodSalad

해산물 샐러드

시험시간 : 30분

3 지급 재료

재료명	규격	수량
새우살		3마리(냉동1팩당 40미)
관자살	개당 50~60g 정도	1개(해동 지급)
피홍합	길이 7cm 이상	3개
중합	지름 3cm 정도	3개
양파	중(150g 정도)	1/4개
마늘	중(깐 것)	1쪽
실파		1줄기
그린 치커리		2줄기(fresh)
양상추		2잎
롤라로사		3g(잎상추로 대체 가능)
그린 비타민		10잎(fresh)
올리브 오일		20ml
레몬		1/4개[길이(장축)로 등분]
식초		10ml
딜		2줄기(fresh)
월계수 잎		1잎
셀러리		10g
흰 통후추		3개(검은 통후추 대체 가능)
소금	정제염	5g
흰 후춧가루		5g
당근		15g(둥근 모양이 유지)

과정

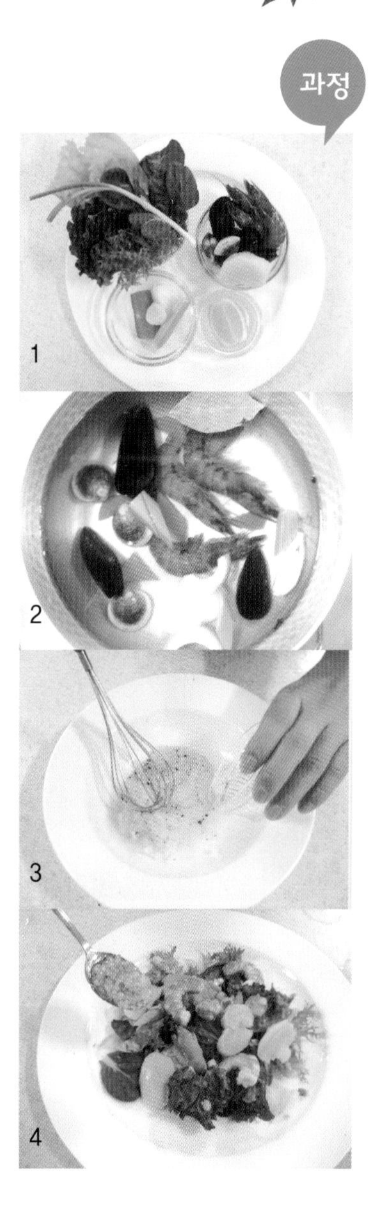

4 조리 방법

① 양상추, 그린 치커리, 롤라로사, 그린 비타민, 딜, 실파 찬물에 담가 두었다가 물기를 제거하여 한입 크기로 잘라 준다.

② 피홍합, 중합은 소금물에 담가 해감 시키고 새우는 내장 제거하고 관자살은 얇은 막을 제거하여 관자 모양을 살려 도톰하게 썰어 준다.

③ 〈미르포아〉 양파 일부, 당근, 셀러리는 썰어 준다.

④ 〈쿠르부용〉 물 400㎖, 미르포아, 월계수 잎, 으깬 흰 통후추, 마늘편, 레몬즙, 소금, 홍합, 중합 , 관자살, 새우 데치기 찬물에 식혀서 껍질 벗겨 채소와 함께 접시에 담는다.

⑤ 〈레몬비네그레트〉 다진 양파 1T, 레몬즙 1T, 식초 1t, 소금, 흰 후추, 올리브오일 2~3T 를 거품기로 잘 섞어서 제출하기 직전 샐러드에 골고루 끼얹어 준다.

▲사우전아일랜드 드레싱

1 요구사항

※주어진 재료를 사용하여 다음과 같이 '사우전아일랜드 드레싱'을 만드시오.

① 드레싱 색깔이 핑크빛이 되도록 하시오.

② 다지는 재료는 0.2㎝ 정도의 크기로 하시오.

2 수험자 유의사항

① 다진 재료의 물기를 제거한다.

② 조리작품 만드는 순서는 틀리지 않게 하여야 한다.

③ 숙련된 기능으로 맛을 내야 하므로 조리작업 시 음식의 맛을 보지 않는다.

④ 채점 대상에서 제외되는 경우

- 불을 사용하여 만든 조리작품이 작품 특성에 벗어나는 정도로 타거나 익지 않은 것
- 오작 : 요리의 형태를 다르게 만들거나 해당 과제의 지급 재료 이외의 재료를 사용한 경우
- 미완성 : 문제의 요구사항대로 작품의 수량이 만들어지지 않은 경우
  요구 작품 두 가지 중 한 가지 작품만 만들었을 경우
  주어진 시간 내에 완성하지 못한 경우

사우전아일랜드 드레싱

Thousand island dressing

시험시간 : 30분 

3 지급 재료

재료명	규격	수량
마요네즈		70g
양파	중(150g 정도)	1/6개
오이피클	개당 25~30g짜리	1/2개
청피망	중(75g 정도)	1/4개
레몬		1/4개[길이(장축)로 등분]
달걀		1개
토마토케첩		20g
소금	정제염	2g
흰 후춧가루		1g

과정

4 조리 방법

① 달걀은 냄비에 물, 소금, 식초를 넣고 삶아 물 끓기 시작으로부터 13분 이상 완숙으로 삶아 냉수에 식혀 껍질을 벗겨 흰자는 곱게 다지고 노른자는 체에 내려 준다.

② 오이피클, 청피망을 곱게 다져 면보에 물기를 제거하여 준다.

③ 양파는 곱게 다져 소금물에 담갔다 면포에 짜서 물기를 제거한다.

④ 마요네즈 3 : 케첩 1~2의 비율로 연핑크색에 맞춰서 전 재료를 섞어 레몬즙, 식초로 농도조절을 하여 소금, 흰 후추 간을 하여 완성한다.

▲피시 뮈니엘

1 요구사항

※ 주어진 재료를 사용하여 다음과 같이 '피시 뮈니엘'을 만드시오.

① 생선은 길이를 일정하게 하여 4쪽을 구워 내시오.
② 소스와 함께 레몬과 파슬리를 곁들여 내시오.

2 수험자 유의사항

① 생선살은 흐트러지지 않게 5장 포 뜨기를 한다.
② 생선의 담는 방법에 유의한다.
③ 조리작품 만드는 순서는 틀리지 않게 하여야 한다.
④ 숙련된 기능으로 맛을 내야 하므로 조리작업 시 음식의 맛을 보지 않는다.
⑤ 채점 대상에서 제외되는 경우

- 불을 사용하여 만든 조리작품이 작품 특성에 벗어나는 정도로 타거나 익지 않은 것
- 오작 : 요리의 형태를 다르게 만들거나 해당 과제의 지급 재료 이외의 재료를 사용한 경우
- 미완성 : 문제의 요구사항대로 작품의 수량이 만들어지지 않은 경우
  요구 작품 두 가지 중 한 가지 작품만 만들었을 경우
  주어진 시간 내에 완성하지 못한 경우

Fish meuniere 피시 뮈니엘

시험시간 : 30분 

3 지급 재료

재료명	규격	수량
가자미	250~300g 정도	1마리(해동 지급)
밀가루	중력분	30g
버터	무염	50g
소금	정제염	2g
흰 후춧가루		2g
레몬		1/2개[길이(장축)로 등분]
파슬리	잎, 줄기 포함	1줄기

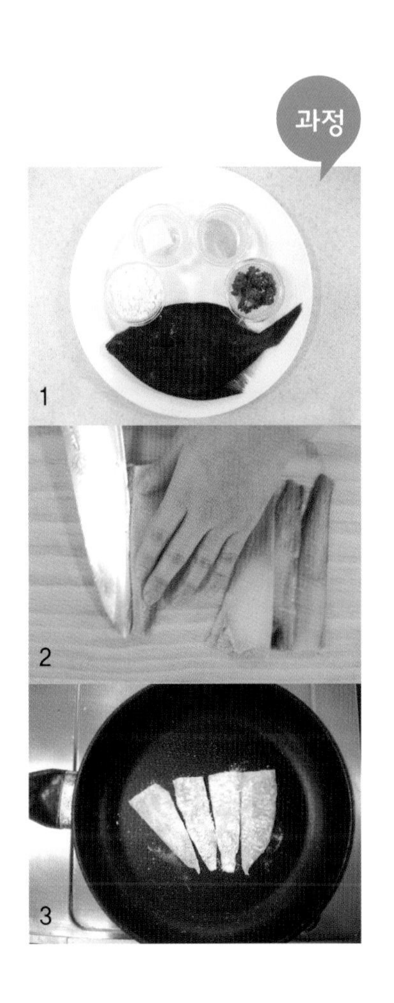

4 조리 방법

① 파슬리 일부는 냉수에 담가 가니시로 준비하고 일부는 파슬리 chop 한다.

② 가자미는 비늘과 내장을 제거하고 5장 뜨기를 하여 껍질을 제거한 후 소금, 흰 후추 간을 한 뒤 밀가루를 앞뒤로 묻혀서 버터, 식용유를두른 팬에 노릇노릇하게 지져 준다.

③ 접시에 4쪽 길이를 맞춰서 머리는 왼쪽, 꼬리는 오른쪽에 오도록 담아 준다.

④ 버터 1T + 레몬즙, 소금 약간으로 버터소스 약불에서 만들어서 소스 뿌리고 생선에 파슬리 chop 약간 뿌려 레몬과 파슬리로 장식하여 완성한다. (레몬은 오른쪽 파슬리는 왼쪽에 오도록 장식한다.)

▲솔 모르네

1 요구사항

※주어진 재료를 사용하여 다음과 같이 '솔 모르네'를 만드시오.

① 피시 스톡(fish stock)과 베샤멜소스를 만드시오.
② 생선은 포우칭(poaching) 하시오.
③ 수량은 같은 크기로 4개 내시오.
④ 카이엔 페퍼를 뿌려 내시오.

2 수험자 유의사항

① 소스의 농도에 유의한다.
② 생선살이 흐트러지지 않도록 5장 뜨기를 한다.
③ 생선뼈는 지급된 생선으로 사용한다.
④ 조리작품 만드는 순서는 틀리지 않게 하여야 한다.
⑤ 숙련된 기능으로 맛을 내야 하므로 조리작업 시 음식의 맛을 보지 않는다.
⑥ 채점 대상에서 제외되는 경우

- 불을 사용하여 만든 조리작품이 작품 특성에 벗어나는 정도로 타거나 익지 않은 것
- 오작 : 요리의 형태를 다르게 만들거나 해당 과제의 지급 재료 이외의 재료를 사용한 경우
- 미완성 : 문제의 요구사항대로 작품의 수량이 만들어지지 않은 경우
  요구 작품 두 가지 중 한 가지 작품만 만들었을 경우
  주어진 시간 내에 완성하지 못한 경우

Sole mornay 솔 모르네

시험시간 : 40분

3 지급 재료

재료명	규격	수량
가자미	250~300g 정도	1마리(해동 지급)
치즈	가로, 세로 8cm 정도	1/4개
카이엔페퍼		2g
밀가루	중력분	30g
버터	무염	50g
우유		200ml
양파	중(150g 정도)	1/3개
정향		1개
레몬		1/4개[길이(장축)로 등분]
월계수 잎		1잎
파슬리	잎, 줄기 포함	1줄기
흰 통후추		3개 (검은 통후추 대체 가능)
소금	정제염	2g

과정

1

2

3

4 조리 방법

① 가자미는 비늘, 내장을 제거하여 세척 후 물기를 제거하여 5장 뜨기를 하여 껍질을 벗겨서 소금, 흰 후추로 밑간한다.

② 〈휘시스톡〉 생선뼈를 토막낸 후 살을 긁어내어 냉수에 담가 핏물을 제거하여 냄비에 버터 약간, 양파 채, 생선뼈를 볶다가 물 500㎖, 정향, 월계수 잎, 으깬 통후추, 파슬리 줄기, 레몬즙을 넣고 끓여서 면포에 걸러 준다.

③ 치즈와 양파는 굵게 다져 준다.

④ 냄비에 버터를 녹여 다진 양파를 넣고 볶다가 생선살 뼈 쪽이 위로 오도록(또는 말아서 요지로 고정) 양파 위에 올려 피시스톡 100㎖ 정도 넣어 뚜껑을 덮고 중불 이하로 찌듯이 익혀 수분을 제거하여 접시에 꼬리는 오른쪽 머리는 왼쪽이 오도록 담아 생선살 덮이도록 소스 끼얹어 카엔페퍼 세로로 가늘게 뿌려 완성한다. (말았을 경우 각각 위에 약간씩 뿌려준다.)

⑤ 〈모르네소스〉 냄비에 화이트루(버터 1.5T, 밀가루 2T) 만들어 피시스톡 300㎖, 월계수 잎, 정향을 넣어 거품을 제거하면서 끓여 준 후 우유 4~5T, 치즈 1/2장 넣고 완전히 녹이여 소금, 흰 후추 간하여 완성한다.

- 생선살 포 뜬 것이 좋지 않을 경우에는 돌돌 말아 이쑤시개로 고정시킨 후 poaching 한다.
- 소스가 너무 되직해서 뭉쳐 보이거나, 묽어서 생선과 겉돌지 않도록 한다.

▲프랜치 프라이드 쉬림프

1 요구사항

※ 주어진 재료를 사용하여 다음과 같이 '프랜치 프라이드 쉬림프'를 만드시오.

① 새우를 구부러지지 않게 튀김하시오.
② 새우튀김은 4개를 제출하시오.
③ 레몬과 파슬리로 가니시를 하시오.

2 수험자 유의사항

① 새우는 꼬리 쪽에서 1마디 정도만 껍질을 남긴다.
② 튀김반죽에 유의하고, 튀김의 색깔이 깨끗하게 한다.
③ 조리작품 만드는 순서는 틀리지 않게 하여야 한다.
④ 숙련된 기능으로 맛을 내야 하므로 조리작업 시 음식의 맛을 보지 않는다.
⑤ 채점 대상에서 제외되는 경우

- 불을 사용하여 만든 조리작품이 작품 특성에 벗어나는 정도로 타거나 익지 않은 것
- 오작 : 요리의 형태를 다르게 만들거나 해당 과제의 지급 재료 이외의 재료를 사용한 경우
- 미완성 : 문제의 요구사항대로 작품의 수량이 만들어지지 않은 경우
  요구 작품 두 가지 중 한 가지 작품만 만들었을 경우
  주어진 시간 내에 완성하지 못한 경우

프랜치 프라이드 쉬림프

French fried shrimp

시험시간 : 25분 

3 지급 재료

재료명	규격	수량
새우		4마리(냉동 1팩당 40미)
밀가루	중력분	80g
백설탕		2g
달걀		1개
소금	정제염	2g
흰 후춧가루		2g
식용유		500ml
레몬		1/6개[길이(장축)로 등분]
파슬리	잎, 줄기 포함	1줄기
냅킨	흰색, 기름 제거용	2장
이쑤시개		1개

4 조리 방법

① 새우는 요지로 내장, 머리를 제거하여 꼬리 1마디를 남기고 껍질을 벗기고 꼬리의 물침을 제거하여 2~3번 배 쪽에 칼집을 넣어 소금, 흰 후추, 레몬즙 간을 한다.

② 달걀노른자, 물 2T, 밀가루 3T, 설탕, 소금 약간 넣고 거품기로 섞어 준다.

③ 달걀흰자는 100% 거품 쳐서 반죽에 2T 정도 넣어 부드럽게 섞어 튀김옷으로 준비한다.

④ 새우에 물기를 제거하여 밀가루, 튀김옷을 묻히고 160℃의 기름에 튀긴다.

⑤ 새우 4마리 꼬리 안쪽으로 모아지게 담아 준 후 파슬리, 레몬를 장식하여 완성한다.

과정

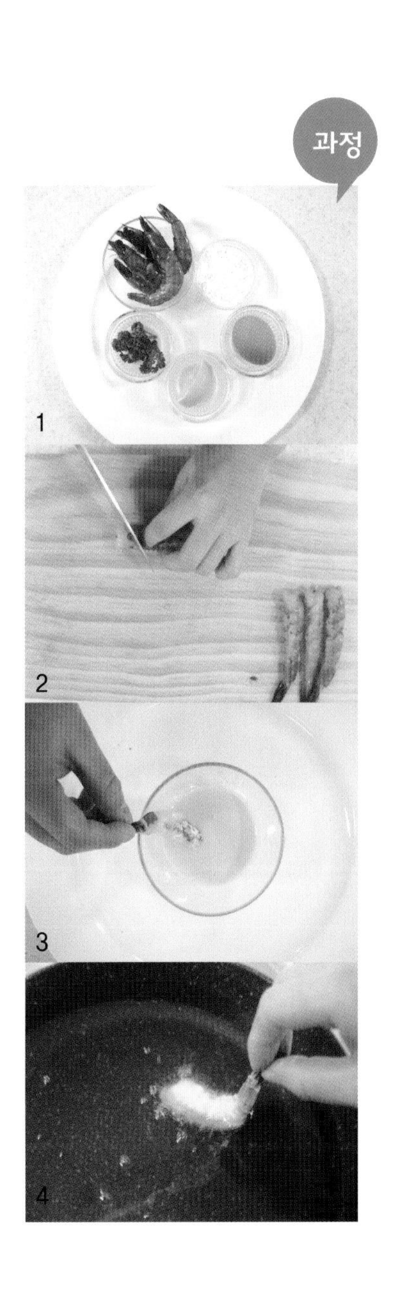

프라이드 피쉬 휠렛

Fried fish fillet

1 지급 재료

재료명	규격	수량
생선 살(동태)		150g
밀가루		50g
달걀		1개
레몬		1/6개
소금		약간
흰 후추		약간
식용유		500ml

2 조리 방법

① 생선은 포를 떠서 3×10cm의 크기로 잘라 소금, 흰 후추, 레몬즙 간을 한다.

② 달걀 노른자, 물 2T, 밀가루 3T, 소금을 약간 넣은 뒤 거품기로 섞어 둔다.

③ 달걀흰자는 거품을 쳐서 반죽에 2T 정도 넣어 부드럽게 섞어서 튀김옷으로 준비한다.

④ 생선 살의 물기를 제거한 뒤 밀가루, 튀김옷을 입혀 170~180℃의 기름에 골든 브라운 색이 되도록 튀긴다.

⑤ 튀긴 생선 4조각을 가운데로 모아 담고 레몬웨지를 장식하여 완성한다.

▲ 바비큐 폭찹

1 요구사항

※ 주어진 재료를 사용하여 다음과 같이 '바비큐 폭찹'을 만드시오.

① 고기는 뼈가 붙은 채로 사용하고 고기의 두께는 2㎝ 정도로 하시오.(단 지급 재료에 따라 가감한다.)
② 완성된 소스 상태가 윤기가 나며 겉 물이 흘러나오지 않도록 하시오.

2 수험자 유의사항

① 주어진 재료로 소스를 만들고 농도에 유의한다.
② 재료의 익히는 순서를 고려하여 끓인다.
③ 조리작품 만드는 순서는 틀리지 않게 하여야 한다.
④ 숙련된 기능으로 맛을 내야 하므로 조리작업 시 음식의 맛을 보지 않는다.
⑤ 채점 대상에서 제외되는 경우

- 불을 사용하여 만든 조리작품이 작품 특성에 벗어나는 정도로 타거나 익지 않은 것
- 오작 : 요리의 형태를 다르게 만들거나 해당 과제의 지급 재료 이외의 재료를 사용한 경우
- 미완성 : 문제의 요구사항대로 작품의 수량이 만들어지지 않은 경우
  요구 작품 두 가지 중 한 가지 작품만 만들었을 경우
  주어진 시간 내에 완성하지 못한 경우

arbecued pork chop 바비큐폭찹

시험시간 : 40분

3 지급 재료

재료명	규격	수량
돼지갈비살	두께 5cm 이상, 포함한 길이 10cm	200g
토마토케첩		30g
우스터 소스		3ml
황설탕		70g
양파	중(150g 정도)	1/4개
소금	정제염	2g
검은 후춧가루		2g
셀러리		30g
핫 소스		2ml
버터	무염	10g
식초		5ml
월계수 잎		1잎
밀가루	중력분	10g
레몬		1/6개[길이(장축)로 등분]
마늘	중(깐 것)	1쪽
비프스톡(육수)		200ml(물로 대체 가능)
식용유		30ml

4 조리 방법

① 돼지갈비는 찬물에 담가 핏물을 제거한 후→ 살을 뼈에 붙어 있도록 약 1.2cm 두께로 펼쳐서 썰어 준 후 연육시켜 소금, 후추를 밑간한 후 밀가루를 앞뒤로 묻혀서 팬에 버터, 식용유 넣고 앞뒤로 지져준다.

② 셀러리는 섬유질 제거한 후 셀러리와 양파는 0.3cm 두께로 다진다.

③ 냄비에 버터 → 다진 양파, 셀러리 → 케첩 3~4T 순으로 볶아 준다.→ 물 2C, 핫소스 1t, 우스타소스 2t, 황설탕 2t, 식초 1t, 레몬즙, 월계수 잎을 넣고 끓여 주다가 지진 돼지갈비를 넣고 소스를 끼얹어 가며 졸여 소금, 후추 간을 하여 완성한다.

④ 접시에 담고 다진 양파, 셀러리가 보이도록 소스를 곁들여 완성한다.

과정

▲ 비프스튜

1 요구사항

※ 주어진 재료를 사용하여 다음과 같이 '비프스튜'를 만드시오.

① 완성된 쇠고기와 채소의 크기는 1.8㎝ 정도의 정육면체로 하시오.
② 브라운 루(Brown roux)를 만들어 사용하시오.
③ 그릇에 비프스튜를 담고 파슬리 다진 것을 뿌려내시오.

2 수험자 유의사항

① 소스의 농도와 분량에 유의한다.
② 고기와 채소는 형태를 유지하면서 익히는데 유의한다.
③ 조리작품 만드는 순서는 틀리지 않게 하여야 한다.
④ 숙련된 기능으로 맛을 내야 하므로 조리작업 시 음식의 맛을 보지 않는다.
⑤ 채점 대상에서 제외되는 경우

- 불을 사용하여 만든 조리작품이 작품 특성에 벗어나는 정도로 타거나 익지 않은 것
- 오작 : 요리의 형태를 다르게 만들거나 해당 과제의 지급 재료 이외의 재료를 사용한 경우
- 미완성 : 문제의 요구사항대로 작품의 수량이 만들어지지 않은 경우
  요구 작품 두 가지 중 한 가지 작품만 만들었을 경우
  주어진 시간 내에 완성하지 못한 경우

Beefstew 비프스튜

시험시간 : 40분

3 지급 재료

재료명	규격	수량
쇠고기	살코기	100g(덩어리)
당근		70g(둥근 모양이 유지)
양파	중(150g 정도)	1/4개
셀러리		30g
감자	150g 정도	1/3개
마늘	중(깐 것)	1쪽
토마토 페이스트		20g
밀가루	중력분	25g
버터	무염	30g
소금	정제염	2g
검은 후춧가루		2g
파슬리	잎, 줄기 포함	1줄기
월계수 잎		1잎
정향		1개

과정

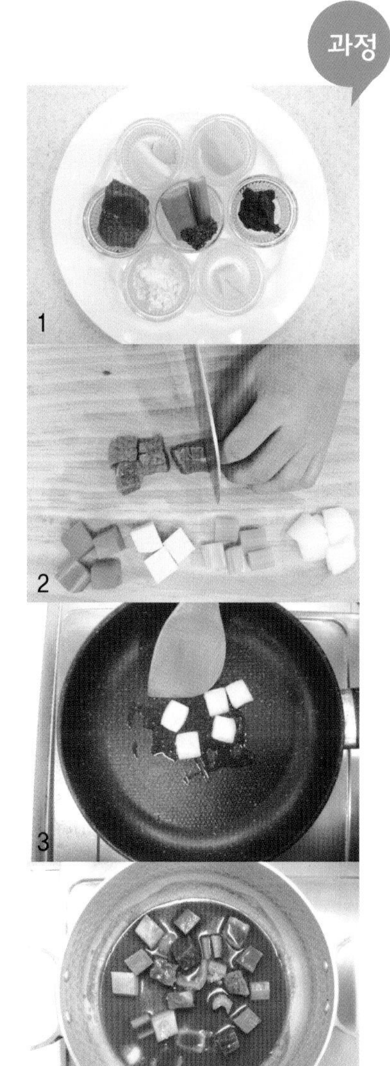

4 조리 방법

① 당근, 감자, 양파, 샐러리 2×2×1cm 주사위 모양으로 썰어 당근, 감자는 모서리를 정리하여 버터에 볶아 준다.

② 마늘, 파슬리를 chop 한다. 파슬리는 흐르는 물에 씻어 물기를 제거하여 준비 한다.

③ 팬에 식용유, 버터를 두르고 chop한 마늘을 볶은 뒤 쇠고기 2.5×2.5×1cm 주사위 모양으로 썰어 소금, 후추 밑간 후 밀가루를 묻혀서 익혀 준다.

④ 냄비에 버터 2T, 밀가루 3T를 넣어 볶아 브라운 루를 만들어 토마토 페이스트 1.5T를 넣어 타지 않게 볶아 준 후 물 2~2.5컵, 부케가르니(파슬리줄기, 월계수 잎, 정향)와 고기, 감자, 당근을 넣고 끓이다가 양파, 셀러리를 넣어 끓이면서 거품 제거를 하면서 농도에 유의하여 끓여 완성한 후 부케가르니를 건져 버리고 소금, 후추로 간을 하고 파슬리 chop 뿌려 완성한다.

▲살리스버리 스테이크

1 요구사항

※ 주어진 재료를 사용하여 다음과 같이 '살리스버리 스테이크'를 만드시오.

① 고기 앞, 뒤의 색깔을 갈색으로 내시오.
② 살리스버리 스테이크의 형태를 갖추시오.
③ 더운 채소(당근, 감자, 시금치)를 각각 모양 있게 만들어 함께 내시오.

2 수험자 유의사항

① 고기가 타지 않도록 하며, 구워진 고기가 단단해지지 않도록 유의한다.(곁들이는 소스는 생략한다.)
② 주어진 조미재료를 활용하여 더운 채소의 요리법(색, 모양 등)에 유의한다
③ 조리작품 만드는 순서는 틀리지 않게 하여야 한다.
④ 숙련된 기능으로 맛을 내야 하므로 조리작업 시 음식의 맛을 보지 않는다.
⑤ 채점 대상에서 제외되는 경우

- 불을 사용하여 만든 조리작품이 작품 특성에 벗어나는 정도로 타거나 익지 않은 것
- 오작 : 요리의 형태를 다르게 만들거나 해당 과제의 지급 재료 이외의 재료를 사용한 경우
- 미완성 : 문제의 요구사항대로 작품의 수량이 만들어지지 않은 경우
  요구 작품 두 가지 중 한 가지 작품만 만들었을 경우
  주어진 시간 내에 완성하지 못한 경우

Salisbury steak 살리스버리 스테이크

시험시간 : 40분

3 지급 재료

재료명	규격	수량
쇠고기	살코기	130g(갈은 것)
양파	중(150g 정도)	1/4개
달걀		1개
우유		5ml
빵가루	마른 것	20g
소금	정제염	2g
검은 후춧가루		2g
식용유		100ml
감자	150g 정도	1/2개
당근		70g(둥근 모양 유지)
시금치		70g
백설탕		25g
버터	무염	50g

과정

4 조리 방법

① 쇠고기는 곱게 다져 핏물을 제거해 준다.

② 양파는 곱게 다져서 버터에 볶아 준다.

③ 쇠고기, 양파, 소금, 후추, 우유에 적신 빵가루, 달걀 물을 넣고 치대어 준 후 두께 0.7cm 럭비공 모양이 되도록 잡아 팬에 식용유와 버터를 넣고 타지 않도록 스테이크 앞뒤를 지지듯이 구워 준다.

④ 감자 5×0.7×0.7cm 막대 모양으로 썰어 냉수에 담가 주었다가 끓는 물에 데쳐서 물기를 제거한 후 노릇하게 튀겨서 소금간을 한다.

⑤ 시금치는 줄기째 데쳐서 5cm로 썰어 팬에 볶으면서 소금간을 한다.

⑥ 당근은 지름 3~3.5cm 비쉬 스타일로 3개를 만들어 버터, 설탕 1T, 물 4~5T와 함께 윤기가 나도록 졸여 준다.

⑦ 시금치, 당근, 감자는 가니시로 놓고 스테이크 담아 완성한다.

▲ 서로인 스테이크

1 요구사항

※ 주어진 재료를 사용하여 다음과 같이 '서로인 스테이크'를 만드시오.

① 온도를 잘 맞추어 미디엄(medium)으로 구우시오.

② 더운 채소(당근, 감자, 시금치)를 각각 모양 있게 만들어 함께 내시오.

2 수험자 유의사항

① 스테이크의 색에 유의한다. (곁들이는 소스는 생략한다.)

② 주어진 조미재료를 활용하여 더운 채소의 요리법(색, 모양 등)에 유의한다.

③ 조리작품 만드는 순서는 틀리지 않게 하여야 한다.

④ 숙련된 기능으로 맛을 내야 하므로 조리작업 시 음식의 맛을 보지 않는다.

⑤ 채점 대상에서 제외되는 경우

- 불을 사용하여 만든 조리작품이 작품 특성에 벗어나는 정도로 타거나 익지 않은 것
- 오작 : 요리의 형태를 다르게 만들거나 해당 과제의 지급 재료 이외의 재료를 사용한 경우
- 미완성 : 문제의 요구사항대로 작품의 수량이 만들어지지 않은 경우
  요구 작품 두 가지 중 한 가지 작품만 만들었을 경우
  주어진 시간 내에 완성하지 못한 경우

Sirloin steak 서로인 스테이크

시험시간 : 30분

3 지급 재료

재료명	규격	수량
쇠고기	등심	200g(덩어리)
감자	150g 정도	1/2개
당근		70g(둥근 모양이 유지)
시금치		70g
소금	정제염	2g
검은 후춧가루		2g
식용유		300ml
버터	무염	50g
백설탕		25g

과정

4 조리 방법

① 쇠고기는 키친타월에 핏물을 제거하여 가볍게 두들겨 연육시킨 후 소금, 후추, 식용유에 재워둔 후 달군 팬에 식용유, 버터를 녹여 고기 앞뒤로 색을 내어 준 후 미디움으로 구워 준다.

② 감자 5×0.7×0.7cm 막대 모양으로 썰어 냉수에 담가 주었다가 끓는 물에 데쳐서 물기를 제거한 후 노릇하게 튀겨서 소금간을 한다.

③ 시금치는 줄기째 데쳐서 5cm로 썰어 팬에 볶으면서 소금간을 한다.

④ 당근은 지름 3~3.5cm 비쉬 스타일로 3개를 만들어 버터, 설탕 1T, 물 4~5T와 함께 윤기 나도록 글레이징 한다.

⑤ 시금치, 당근, 감자는 가니시로 놓고 스테이크를 담아 완성한다.

▲ 치킨커틀릿

1 요구사항

※ 주어진 재료를 사용하여 다음과 같이 '치킨 커틀릿'을 만드시오.

① 닭은 껍질째 사용하시오.
② 완성된 커틀렛의 두께를 1㎝ 정도로 하시오.
③ 딥 팻 프라이(deep fat frying)로 하시오.

2 수험자 유의사항

① 닭고기 모양에 유의한다.
② 완성된 커틀릿의 색깔에 유의한다.
③ 조리작품 만드는 순서는 틀리지 않게 하여야 한다.
④ 숙련된 기능으로 맛을 내야 하므로 조리작업 시 음식의 맛을 보지 않는다.
⑤ 채점 대상에서 제외되는 경우

- 불을 사용하여 만든 조리작품이 작품 특성에 벗어나는 정도로 타거나 익지 않은 것
- 오작 : 요리의 형태를 다르게 만들거나 해당 과제의 지급 재료 이외의 재료를 사용한 경우
- 미완성 : 문제의 요구사항대로 작품의 수량이 만들어지지 않은 경우
  요구 작품 두 가지 중 한 가지 작품만 만들었을 경우
  주어진 시간 내에 완성하지 못한 경우

Chicken cutlet 치킨 커틀릿

시험시간 : 30분

3 지급 재료

재료명	규격	수량
닭	250~300g	1/2마리(삼계탕용 닭) 해동 지급 영계
달걀		1개
밀가루	중력분	30g
빵가루	마른 것	50g
소금	정제염	2g
검은 후춧가루		2g
식용유		300ml
냅킨	흰색, 기름 제거용	2장

4 조리 방법

① 닭은 깨끗이 씻어 물기를 제거하여 뼈와 살이 분리되도록 발라내어 오그라 들지 않게 칼집을 넣어 준 후 소금, 후추 간을 한다.

② 손질한 닭에 밀가루, 달걀 물, 빵가루 순으로 꼭꼭 눌러가며 묻혀서 180℃ 기름에 골든 브라운 색이 되도록 바삭하게 튀겨 완성한다.

과정

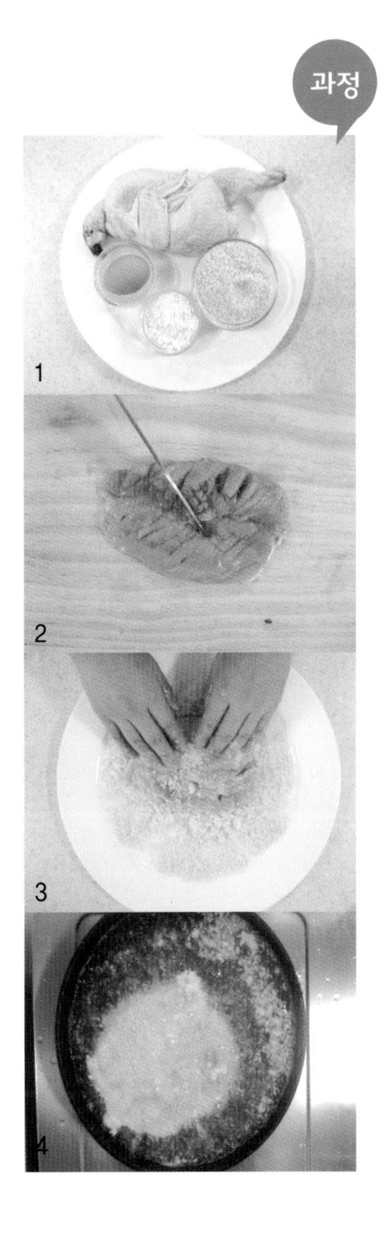

▲치킨알라킹

※주어진 재료를 사용하여 다음과 같이 '치킨알라킹'을 만드시오.

① 완성된 닭고기와 채소, 버섯의 크기는 1.8×1.8㎝ 정도로 균일하게 하시오.
(단 지급된 재료의 크기에 따라 가감한다.)

② 치킨 육수를 만들어 사용하시오.

2 수험자 유의사항

① 소스의 색깔과 농도에 유의한다.

② 조리작품 만드는 순서는 틀리지 않게 하여야 한다.

③ 숙련된 기능으로 맛을 내야 하므로 조리작업 시 음식의 맛을 보지 않는다.

④ 채점 대상에서 제외되는 경우

- 불을 사용하여 만든 조리작품이 작품 특성에 벗어나는 정도로 타거나 익지 않은 것
- 오작 : 요리의 형태를 다르게 만들거나 해당 과제의 지급 재료 이외의 재료를 사용한 경우
- 미완성 : 문제의 요구사항대로 작품의 수량이 만들어지지 않은 경우
  요구 작품 두 가지 중 한 가지 작품만 만들었을 경우
  주어진 시간 내에 완성하지 못한 경우

Chicken a'la king 치킨 알라킹

시험시간 : 30분

3 지급 재료

재료명	규격	수량
닭	250~300g	1/2마리(해동 지급) 영계(삼계탕용 닭)
청피망	중(75g 정도)	1/4개
홍피망	중(75g 정도)	1/6개
양파	중(150g 정도)	1/6개
양송이	20g	2개
버터	무염	20g
밀가루	중력분	15g
우유		150ml
정향		1개
생크림	조리용	20g
소금	정제염	2g
흰 후춧가루		2g
월계수 잎		1잎

4 조리 방법

① 닭뼈를 발라내어 살 2.5×2.5cm로 썰어 끓는 물에 데쳐 준다.

② 〈치킨스톡 만들기〉 닭뼈는 냉수에 담가 두었다가 물 500㎖와 함께 끓여 면포에 스톡을 걸러 준다.

③ 홍, 청피망, 양파는 2×2cm 썰어 주고 양송이는 껍질 벗겨 2~4등분 또는 편으로 썰어 준다.

④ 팬에 버터를 녹여서 양파, 청, 홍피망, 양송이를 가볍게 볶아 준다.

⑤ 냄비에 버터 1.5, 밀가루 2T를 넣고 화이트 루를 만들어 치킨스톡 300㎖ 넣고 멍울 없이 풀어 준 후에 양파, 청홍피망, 양송이, 닭살을 넣고 끓여 주다가 우유 4~5큰술, 생크림 1T로 농도를 맞추어서 소금, 흰 후추로 간을 하여 완성한다.

과정

▲베이컨, 레터스, 토마토 샌드위치

1 요구사항

※ 주어진 재료를 사용하여 다음과 같이 '베이컨, 레터스, 토마토 샌드위치'을 만드시오.

① 토마토는 0.5㎝ 정도의 두께로 썰고, 베이컨은 구워서 사용하시오.
② 완성품은 모양 있게 썰어 전량을 내시오.

2 수험자 유의사항

① 베이컨의 굽는 정도와 기름 제거에 유의한다.
② 샌드위치의 모양이 나빠지지 않도록 썰 때 유의한다.
③ 조리작품 만드는 순서는 틀리지 않게 하여야 한다.
④ 숙련된 기능으로 맛을 내야 하므로 조리작업 시 음식의 맛을 보지 않는다.
⑤ 채점 대상에서 제외되는 경우

- 불을 사용하여 만든 조리작품이 작품 특성에 벗어나는 정도로 타거나 익지 않은 것
- 오작 : 요리의 형태를 다르게 만들거나 해당 과제의 지급 재료 이외의 재료를 사용한 경우
- 미완성 : 문제의 요구사항대로 작품의 수량이 만들어지지 않은 경우
  요구 작품 두 가지 중 한 가지 작품만 만들었을 경우
  주어진 시간 내에 완성하지 못한 경우

Bacon, lettuce, tomato sandwich B,L,T 샌드위치

시험시간 : 30분 

3 지급 재료

재료명	규격	수량
식빵	샌드위치용	3조각
양상추	20g	2잎 정도 (잎상추로 대체 가능)
토마토	중 (150g 정도)	1/2개 (둥근 모양이 되도록 잘라서 지급)
베이컨	길이 25~30cm	3조각
버터	무염	50g
소금	정제염	3g
검은 후춧가루		1g

과정

4 조리 방법

① 팬에 약불로 식빵을 앞뒤로 바삭하게 옅은 갈색으로 토스트 한다.

② 베이컨(Bacon) 3장을 노릇노릇 구워준 후 → 기름기를 제거하여 준비한다.

③ 양상추(Lettuce) 또는 상추는 식빵 크기로 2장을 물기 제거하여 준비한다.

④ 토마토(Tomato) 0.5cm 두께로 1.5~2쪽을 썰어 준다.

⑤ 빵(버터) → 상추(버터) → 베이컨 → (버터)빵(버터) → 상추(버터) → 토마토 → (버터) 빵 순서로 올려서 → 마른 면포로 싸서 눌러 모양을 잡아 준다.

⑥ 네 모서리를 잘라 준다. → 삼각형으로 썰기어 완성한다.

※ 내용물이 떨어지지 않도록 버터를 녹여서 잘 발라 준다.
빵은 눌리지 않도록 썰어 준다.

▲ 햄버거 샌드위치

1 요구사항

※ 주어진 재료를 사용하여 다음과 같이 '햄버거 샌드위치'를 만드시오.

① 구워진 고기의 두께는 1cm 정도로 하시오.
② 토마토, 양파는 0.5cm 정도의 두께로 썰고 양상치는 빵 크기에 맞추시오.
③ 빵 사이에 위의 재료를 넣어 반 잘라 내시오.

2 수험자 유의사항

① 구워진 고기가 단단해지거나 부서지지 않도록 한다.
② 빵에 수분이 흡수되지 않도록 유의한다.
③ 조리작품 만드는 순서는 틀리지 않게 하여야 한다.
④ 숙련된 기능으로 맛을 내야 하므로 조리작업 시 음식의 맛을 보지 않는다.
⑤ 채점 대상에서 제외되는 경우

- 불을 사용하여 만든 조리작품이 작품 특성에 벗어나는 정도로 타거나 익지 않은 것
- 오작 : 요리의 형태를 다르게 만들거나 해당 과제의 지급 재료 이외의 재료를 사용한 경우
- 미완성 : 문제의 요구사항대로 작품의 수량이 만들어지지 않은 경우
  요구 작품 두 가지 중 한 가지 작품만 만들었을 경우
  주어진 시간 내에 완성하지 못한 경우

Hamburger sandwich 햄버거 샌드위치

시험시간 : 30분

3 지급 재료

재료명	규격	수량
쇠고기	살코기	100g(덩어리)
양파	중(150g 정도)	1개
빵가루	마른 것	30g
셀러리		30g
소금	정제염	3g
검은 후춧가루		1g
양상추		20g
토마토	중(150g 정도)	1/2개 (둥근 모양이 되도록 자라서 지급)
버터	무염	15g
햄버거빵	중	1개
식용유		20ml
달걀		1개

과정

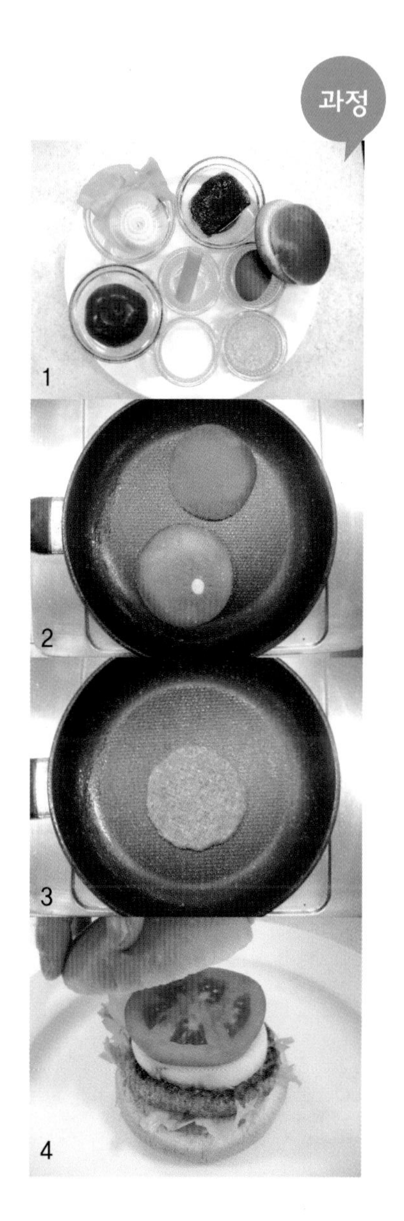

4 조리 방법

① 팬에 햄버거빵 2쪽 안쪽면 드라이 토스트 하기

② 양파는 0.5cm 두께 링으로 썰어 준 후 양파, 샐러리를 곱게 다져 준다.

③ 토마토는 0.5cm 두께 링으로 썰어 물기를 제거한다.

④ 팬에 양파와 샐러리를 볶아서 식혀 준다.

⑤ 쇠고기는 최대한 곱게 다져서 볶은 양파, 샐러리, 빵가루 약 2T, 달걀 물 약 1T, 소금, 후추를 넣고 치대준 후 0.7cm 두께로 빵보다 1cm 정도 크게 만들어서 팬에 식용유 두르고 햄버거 패티가 타지 않게 지져 준다.

⑥ 빵 안쪽에 버터를 약간씩 발라 준 후 양상추 → 패티 → 양파 → 토마토 → 빵 순으로 올려준 후 빵을 2쪽으로 잘라서 안쪽이 보이도록 완성한다.

▲스파게티 카르보나라

1 요구사항

※주어진 재료를 사용하여 다음과 같이 스파게티 카르보나라를 만드시오.

① 스파게티 면은 al dante(알 단테)로 삶아서 사용하시오.
② 파슬리는 다지고 통후추는 곱게 으깨서 사용하시오.
③ 베이컨은 1cm 정도 크기로 썰어, 으깬 통후추와 볶아서 향이 잘 우러나게 하시오.
④생크림은 달걀노른자를 이용한 리에종(Liaison)과 소스에 사용하시오.

2 수험자 유의사항

① 크림에 리에종을 넣어 소스 농도를 잘 조절하며, 소스가 분리 되지 않도록 한다.
② 조리 작품 만드는 순서는 틀리지 않게 하여야 한다.
③ 숙련된 기능으로 맛을 내야 하므로 조리 작업 시 음식의 맛을 보지 않는다.
④ 채점 대상에서 제외되는 경우

- 불을 사용하여 만든 조리 작품이 작품 특성에 벗어나는 정도로 타거나 익지 않은 것
- 오작: 요리의 형태를 다르게 만들거나 해당 과제의 지급 재료 이외의 재료를 사용한 경우
- 미완성: 문제의 요구사항대로 작품의 수량이 만들어지지 않은 경우
  요구 작품 두 가지 중 한 가지 작품만 만들었을 경우
  주어진 시간 내에 완성하지 못한 경우

스파게티 카르보나라

Spaghetti Carbonara

시험시간 : 30분

3 지급 재료

재료명	규격	수량
스파게티면	건조면	80g
올리브 오일		20ml
버터	무염	20g
생크림		180ml
베이컨	길이 15~20cm	2개
달걀		1개
파마산 치즈 가루		10g
파슬리		잎, 줄기 포함 (1줄기)
소금	정제염	5g
검은 통후추		5개
식용유		20ml

과정

1

2

3

4 조리 방법

① 끓는 물에 소금, 식용유를 넣고 7~10분 정도 스파게티면을 삶는다.

② 면을 익히는 동안 베이컨은 1cm 크기로 썰고, 통후추는 칼로 곱게 으깨어 준다.

③ 파슬리는 곱게 다져 면보에 싼 후 흐르는 물에 씻어내고, 마른 면보로 물기를 제거해 준다.

④ 달걀노른자를 준비해 생크림 2T를 넣고 섞어서 리에종을 만든다.

⑤ 달궈진 팬에 버터를 녹이고 약 불에서 베이컨을 볶다가, 곱게 으깨어 둔 통후추를 반 정도 넣고 향을 낸다.

⑥⑤에 생크림 100ml을 넣고 살짝 끓으면 면을 넣는다.

⑦ 다진 파슬리 절반과 파마산 치즈 가루를 넣고 소금으로 간을 한다.

⑧ 노른자가 익지 않도록 약 불이나 불을 끈 상태에서 ④의 리에종을 넣고 농도를 맞춘다.

⑨ 젓가락으로 면을 말아서 접시에 담고, 소스를 뿌려 준다.

⑩ 파마산 치즈 가루, 다진 파슬리, 으깬 후추를 위에 뿌려 완성한다.

▲토마토소스 해산물 스파게티

1 요구사항

※ 주어진 재료를 사용하여 다음과 같이 토마토소스 해산물 스파게티를 만드시오.

① 스파게티면은 al dante(알 단테)로 삶아서 사용하시오.
② 조개는 껍데기째, 새우는 껍질을 벗겨 내장을 제거하고, 관자살은 편으로 썰고, 오징어는 0.8cm x 5cm 정도 크기로 썰어 사용하시오.
③ 해산물은 화이트와인을 사용하여 조리하고, 마늘과 양파는 해산물 조리와 토마토소스 조리에 나누어 사용하시오.
④ 바질을 넣은 토마토소스를 만들어 사용하시오.
⑤ 스파게티는 토마토소스에 버무리고 다진 파슬리와 슬라이스 한 바질을 넣어 완성하시오.

2 수험자 유의사항

① 토마토소스는 자작한 농도로 만들어야 한다.
② 스파게티는 토마토소스와 잘 어우러지도록 한다.
③ 조리 작품 만드는 순서는 틀리지 않게 하여야 한다.
④ 숙련된 기능으로 맛을 내야하므로 조리 작업 시 음식의 맛을 보지 않는다.
⑤ 채점 대상에서 제외되는 경우

- 불을 사용하여 만든 조리 작품이 작품 특성에 벗어나는 정도로 타거나 익지 않은 것
- 오작: 요리의 형태를 다르게 만들거나 해당 과제의 지급 재료 이외의 재료를 사용한 경우
- 미완성: 문제의 요구사항대로 작품의 수량이 만들어지지 않은 경우
  요구 작품 두 가지 중 한 가지 작품만 만들었을 경우
  주어진 시간 내에 완성하지 못한 경우

Seafood spaghetti tomato sauce

토마토소스 해산물 스파게티

시험시간 : 35분

3 지급 재료

재료명	규격	수량
스파게티면	건조면	70g
토마토(캔)	홀필드, 국물포함	300g
마늘		3쪽
양파	중(150g정도)	1/2개
바질	신선한 것	4잎
파슬리	잎, 줄기 포함	1줄기
방울토마토	붉은색	2개
올리브 오일		40ml
새우	껍질 있는 것	3마리
모시조개	지름 3cm 정도	3개
오징어	몸통	50g
관자살	50g정도	1개
화이트와인		20ml
소금		5g
흰 후춧가루		5g
식용유		20ml

과정

4 조리 방법

① 조개는 소금물에 해감을 한다.

② 끓는 물에 소금, 식용유를 넣고 7~10분 정도 스파게티면을 삶는다. 이때 면수는 다 버리지 말고 1/2컵을 남겨 놓는다. 파스타면이 고루 삶아지면 체에 받쳐 올리브 오일 1큰술을 넣어 버무려 둔다.

③ 방울토마토는 열십자 칼집을 넣어 끓는 물에 살짝 데쳐 껍질을 벗기고 1/2등분 한다.

④ 마늘, 양파, 파슬리, 토마토 홀은 다져둔다. 바질은 채 썬다.

⑤ 새우는 대가리를 뗀 후 껍질을 벗기고, 오징어는 껍질을 벗겨 0.8cm x 5cm 정도 크기로 썰며, 관자살은 껍질 벗기고 편으로 썬다.

⑥ 냄비에 올리브 오일을 넣고 다진 양파, 다진 마늘을 넣어 볶다가 다진 홀 토마토, 채 썬 바질, 물 1/2컵을 넣어 토마토소스를 끓여 준다.

⑦ 팬에 오일을 두르고 다진 마늘, 다진 양파, ⑤의 해산물을 넣어 볶다가 화이트와인을 넣은 후 조개가 입이 벌어질 정도로 익혀 주고, ⑥의 토마토소스, 삶아둔 스파게티면, 면수, ③의 1/2컷 토마토를 넣고 볶다가 소금, 후추 간을 한다.

⑧ 젓가락으로 면을 말아서 접시에 담고, 슬라이스 바질과 파슬리 다진 것을 뿌려 완성한다.

햄 로제소스파스타

Ham rose sauce pasta

1 지급 재료

재료명	규격	수량
스파게티		100g
토마토소스		100g
올리브 오일		15ml
양파		30g
마늘		30g
햄		50g
생크림		30ml
파슬리		3g
파마산 치즈		5g
버터		10g
소금		약간

2 조리 방법

① 양파, 마늘, 햄, 파슬리는 다져서 준비해 둔다.

② 끓는 물에 소금, 스파게티를 넣어 정해진 시간 동안 삶아 건져 둔다. 여기에 올리브 오일을 넣어 면끼리 붙지 않도록 둔다.

③ 팬에 버터를 녹인 뒤 양파, 마늘을 넣어 살짝 볶다가 햄을 넣어 더 볶는다.

④③에 생크림, 토마토소스를 넣어 끓기 시작하면 삶아둔 스파게티면을 넣어 더 끓인다. 소스가 적당히 졸아들면 소금으로 간을 한다.

⑤ 그릇에 ④의 파스타를 넣고 파마산 치즈와 파슬리 찹을 뿌려 마무리한다.

1. 조리 전문용어

1) 조리용어

2) 불어 조리 동사

2. 양식조리사 실기시험 안내

Basic Western Cuisine

부록

조리 전문용어
양식 조리사 실기시험 안내

우리에게 있어 서양요리라 함은 주로

미국식 요리를 연상하게 되는 경우가 빈번하다.

이것은 우리나라의 서양요리가 프랑스를 중심으로 한 유럽식 요리가 들어온 것이 아니라,

일제 식민지일 때 일본식 서양요리를 통해 그 역사가 시작되었고,

해방 후에는 미국의 영향을 더 받았기 때문이다.

조리 전문용어

1. 조리용어

용 어	해 석	비고(약어 풀이)
A		
A la bouquetiere	다양한 종류의 계절 채소들을 차려내는 것. 일반적으로 구운 고기나 생선에 다채로운 채소들을 둘러싼 것	꽃 파는 여자
A la bourgeoise	상당히 커다랗게 자른 갖가지의 채소를 곁들인 일반적인 가족형 고기요리(예 : 쇠고기 스튜)	중산 계급층
A la broche	꼬치에서 요리한 것	
A la King	버섯, 녹색 고추, 그리고 피망과 함께 흰색 소스에 차려낸 요리	왕의 스타일
A la maison	그 집의 방법으로	
A la mode	파이나 케이크 위에 차려낸 아이스크림. 혹은 특수한 방식의 요리	방법, 방식
A la Newburg	생선 요리에 많이 사용하는데, 베샤멜 크림 또는 크림소스로 맛을 내며 세리와인으로 맛을 돋운다.	북미 대서양 연안 도시명
A la reine	얼얼한 맛. 이 표현은 가늘게 쪼갠 닭고기나 칠면조 고기를 사용한 수프와 관련이 있다.	여왕 스타일
A la provencale	마늘과 토마토, 양파를 기름에 볶아서 사용하며, 데미 글라스에 토마토 소스를 약간 섞고 다진 파슬리를 첨가한다.	프랑스 동남부지방 도시명
A la Russe	요리에 캐비어를 사용한다.	러시아식
A la dente	채소, 파스타 등을 약간 딱딱하게 삶는 것 질기다는 의미의 이탈리아 표현	

용 어	해 석	비고(약어 풀이)
Ambrosia	쪼갠 코코넛을 곁들인 갖가지 과일들	그리스 신화
Anisette	아니스 열매로 맛을 돋운 리큐르	아니스의 술
Au ou aux	어떤 형식의, 어떤 재료로 한	
Au gratin	소스로 덮고 치즈나 빵가루를 뿌린 다음 황갈색으로 구운 요리	a le, les의 축약형
Au jus	고기를 구울 때 흘러나오는 고기 즙	천연 주스
Au lait	우유로	
Au naturel	단순한 방법으로 요리하는 것(조미하지 않은 상태)	
Aux Croutons	굽거나 튀긴 작은 빵조각, 일반적으로 수프와 샐러드의 곁들임으로 사용된다.	
Aux Cresson	잎이 매운 샐러드용, 냉이를 이용한	물냉이
B		
Baked Alaska	아이스크림 케이크 위에 올리고 머링규로 완전히 덮은 다음 뜨거운 오븐에서 연한 갈색으로 구운 요리	알라스카 스타일의 구운 아이스크림
Baking	오븐 안에서 건식 열로 굽는 방법이다. 주로 빵, 과자 등을 구울 때 사용한다.	
Bar le Duc	붉은색 건포도로 만든 유명한 잼, 프랑스에서 수입	파리 동북쪽의 도시명
Baste(Basting)	녹인 버터나 지방으로 음식을 조리하면서 스푼으로 고기나 음식에 지방을 끼얹어서 음식물이 마르는 것을 방지하는 조리 방법.	
Bechamel	일반적으로 우유와 크림으로 만든 흰색 소스	흰색 소스 이름
Beef	쇠고기의 연한 허릿살을 5~6C 길이로 가늘게 썬 다음	러시아 백작의 스타일

용 어	해 석	비고(약어 풀이)
la Stroganoff	saut하여 갈색 소스로 조리한 요리	
Beurre	(불어)버터	
Beurre noir	구운 버터(맑게 한 버터를 끓여서 착색함)	
Bigarade	오렌지 껍질과 주스를 첨가한 달콤 새콤한 갈색 소스, 대개 구운 오리고기와 함께 차려낸다.	쓴 오렌지의 일종, 흰 포도, 흰 포도주
Blanching	재료를 끓는 물에 일시적으로 넣었다가 건져서 찬물에 헹구는 조리방법. boiling, sauteing, glazing 등의 사전 조리법으로 많이 이용된다.	
Blanquette	흰색 소스에 넣은 닭고기, 송아지 고기 또는 새끼 양고기 스튜	
Blinis	대개가 철갑상어 알과 함께 차려내는 러시아 팬케이크	메밀가루로 만든 얇은 팬케이크
Boiling	끓는 물, 스톡 등을 이용하여 주로 파스타, 쌀, 건조된 야채의 조리에 많이 사용한다. 96~100℃에서 조리한다.	
Bombe	두 가지 이상의 아이스크림을 한 주형에 넣어 만든 디저트	폭탄, 탄알 모양
Bonne femme	이 용어는 가정에서 만든 간단한 요리에 사용된다.	House wife
Bordelaise	붉은색 소스를 첨가한 갈색 소스, 대개 쇠고기 앙트레와 함께 차려낸다.	보르도 지방의 주 이름
Bouchee	Puff Pastry로 만들어 크림 고기나 생선으로 채운 작은 형태의 요리	
Bourguignonne	버건디 포도주를 넣은 것	프랑스 중부지방 포도 산지
Breading	밀가루, 달걀, 그리고 빵가루에 순서대로 통과시켜 빵가루를 씌우기	
Brioche	가벼운 스위트 반죽으로 만든 롤, 원형은 프랑스 곡예사 이름	밀가루, 달걀 버터로 만든 빵

용 어	해 석	비고(약어풀이)
Brochette	꼬치에 꽂아서 조리한 요리	
Broth	고기, 생선, 양계 혹은 채소를 넣고 삶은 고깃국물	꼬치구이 요리
Brunswick stew	토끼고기, 다람쥐고기, 송아지고기나 닭고기, 소금에 절인 돼지고기, 그리고 갖가지 채소들(옥수수, 양파, 감자, 콩)로 이루어진 스튜	맑은 고깃국 독일의 지방명
Bun	프랑스의 brioche에 해당하는 카스텔라 모양의 과자	
C		
Canadian bacon	다듬고 압축시켜 훈제한 돼지고기 허릿살, 요리하거나 요리하지 않은 상태로 구입할 수 있다.	
Caramelize	요리의 첨가물과 색소로 사용하기 위하여 굵은 설탕을 황갈색으로 녹이는 것	
Casserole	음식을 조리하는 데 사용되는 자루가 달린 냄비	음식을 담는 도기 그릇
Charlotte	레이디 핑거를 같은 주형에 과일과 휘핑한 크림 혹은 커스터드를 채운 것	프랑스 여자이름
Charlotte Russe	레이디 핑거를 깔은 주형에 바바리안 크림을 채운 것	
Chateaubriand	대략 1 lb의 무게를 가진 두꺼운 쇠고기의 안심 스테이크	프랑스 귀족 명
Chaue-Froid	젤리 상태의 흰색 소스, 전시용의 특정요리를 장식하는 데 사용한다.	젤리, 마요네즈를 친 냉육
Cherries-Jubiles	체리를 버터로 볶다가 Flamb 한 다음 이것을 아이스크림 위에 부어 차려낸다.	
Chicory	꽃상추과의 샐러드용 식물	
Chiffonade	수프나 샐러드 드레싱으로 사용하기 위하여 상당히 잘게 쪼갠 채소들	

용 어	해 석	비고(약어풀이)
Chives	길고 가느다란 녹색의 작은 양파 모양의 싹, 부드러운 맛을 가지고 있어 주로 스프와 샐러드에 사용된다.	부추
Chop	나이프나 다른 종류의 날카로운 도구를 사용하여 잘게 써는 것	
Clarify	콩소메에 불순물을 제거하여 맑고 투명하게 만드는 것	
Compote	갖가지의 스튜 형태로 조리한 과일 혼합물이나 시럽으로 조리한 과일	조림 과일
Condiment	요리에 사용되는 조미료	조미료 양념
Connoisseur	맛을 보고 완벽한 판단을 내릴 수 있는 전문가	감정가, 권위자
Consomme	맑고 강력한 맛을 가진 콩소메 수프의 의미는 '완벽한' 이라는 뜻이다.	맑은 육즙
Coq au vin	포도주에 절인 닭고기 요리	
Cottage pudding	따뜻하고 달콤한 소스와 함께 차려내는 케이크	
Coupe	얕은 디저트 접시 또는 딸기 쿠우프나 파인애플 쿠우프처럼 인기 있는 디저트	컵, 술잔
Court bouillon	물, 식초나 포도주, 향료, 그리고 양념으로 이뤄진 액체, 여기에다 생선으로 데친다.	
Creole	크레올 형태의 요리를 나타내는 것 : 대개가 토마토, 양파, 녹색고추, 샐러리, 그리고 양념으로 이루어진 수프나 소스	
Crepe	(불어)팬케이크(얇은 과자의 일종)	
Crepe suzette	둥글게 말고 독한 브랜디 소스와 함께 차려내는 프랑스의 얇은 팬케이크	프랑스 여자 이름
Croutons	오븐이나 팬에 버터를 이용하여 황갈색으로 구운 육각형의 작은 빵조각, 대개가 샐러드나 수프와 함께 차려낸다.	

용 어	해 석	비고(약어 풀이)
Cube	정사각형 모양으로 자르는 것	
Cuisine	요리	요리, 주방
Cutlet	작고 납작하며 뼈가 없는 고기조각, 일반적으로 이 용어는 돼지고기와 송아지고기에 사용된다.	
Cuver	발효시킨다.	
Czernina	맑은 장국	
D		
Demi	(불어) 이등분	절반
Demi-glace	원래 부피의 1/2 정도가 될 때까지 끓여서 조린 갈색의 걸쭉한 소스	
Demi-tasse	블랙 커피의 작은 컵	1/2컵
Deviled	후추, 겨자, 타바스코 등과 같이 얼얼한 양념을 첨가한 요리	매운
Diable	간을 얼얼하게 맞춘 요리를 가리키는 용어	악마
Diced	육각형의 주사위 모양이나 정사각형으로 자르기.	
Dill	회향풀	
Dissolved	마른 물질을 액체에 흡수시키거나 액체로 만드는 것	용해하다. 녹이다.
Dital	짤막한 마카로니	
Dodine	Champignon을 첨가한 뽀얀 국물과 구운 닭의 육즙으로 만든 소스	

용 어	해 석	비고(약어 풀이)
Dolma	양배추, 포도의 잎, 뽕잎 따위에 채어 넣는 요리	
Dough	걸쭉하고 부드러우며 요리하지 않은 밀가루 덩어리, 빵과 쿠키, 그리고 롤을 만드는 데 사용한다.	밀가루 반죽
Douillon	프랑스 Normandie 지방의 요리, 사과를 주로 하여 만든 단 것	
Drippings	버섯을 굽고 난 다음에 생기는 기름과 천연 주스	지방, 기름기
Duxelles	버섯, 샤롯, 그리고 양념으로 이루어진 일종의 스터핑. 일반적으로 Duxelles의 기본에 토마토나 갈색 소스의 형태로 수분을 첨가한 다음 버섯이나 토마토 등을 채우는 데 사용한다.	
E		
Eclair	슈크림 페이스트로 만들고 크림 필링을 채운 다음 초콜릿을 입힌 과자	프랑스 여자 이름
Eggs Benedict	데친 달걀을 영구 머핀과 햄 위에 올리고 네덜란드 소스로 덮은 다음 송로를 뿌린 요리	수도회의 성자
En brochette	꼬치에 끼워 굽는다.	꼬치
Enchiladas	멕시코가 본고장인 요리. 토르티라(넙적하고 발효시키지 않은 옥수수 케이크)에 같은 치즈와 쪼갠 양파 혹은 다른 종류의 필링을 펼치고 오믈렛과 같은 방법으로 둥글게 만다. 일반적으로 녹은 치즈를 올려서 차려 낸다.	멕시칸의 요리 이름
En coquille	조개껍데기 속에 차려 내는 것	조개껍데기
Entremets	앙뜨르메(Roast 와 Dessert 사이에 먹는 가벼운 음식)	
En tasse	컵에 차려 낸 것	
Epigramme	흰 소스의 스튜(주로 양고기를 사용)	
Escabescia	절인 생선튀김	

용 어	해 석	비고(약어 풀이)
Escallop	얇은 조각으로 자르거나 껍질 위에서 흰색 소스와 함께 굽는 것	얇은 고기 조각
Escalope	얇은 고기조각	
Escargot	(불어)달팽이	
Escarole	꽃상추과의 샐러드용 채소	
Escoffier	유명한 프랑스 주방장(1846~1939) : 유명한 요리책의 저자	
Espagnole sauce	글자 그대로 '스페인'. 요리 전문용어에서는 고기, 채소 그리고 양념으로 만든 걸죽한 갈색 소스	
Essence	어떤 지정한 고기 맛을 추출한 것	본질, 본체, 육즙
Extract	원액을 뽑아낸 것, 특정 요리에서 얻은 추출액으로 다른 요리 맛을 돋우는 데 사용한다.	
F		
Farce	forcemeats	
Farci	(불어) 고기나 채소와 같이 채워서 만든 요리	채워 넣은
Farine	밀가루	소맥분, 밀가루
Fermentation	이스트와 같이 유기체 혼합물의 화학적인 변화, 설탕과 함께 이산화가스가 발생한다.	발효
Flambee	불꽃을 피워서 차려내는 것(예 : 크레이프 수제트) 브랜디 사용	불꽃, 화염
Foie gras	거위 간	
Fondue	녹인, 용해된	

용 어	해 석	비고(약어 풀이)
Fooyong	부용(달걀을 이용하여 구운 것, 중국요리)	
Forcemeat	매우 잘게 갈아 Stuffing에 사용, 고기 속에 넣는다.	
Frappe	죽과 같은 농도가 되도록 냉동시킨 것, 디저트 품목에 사용한다.	
French toast	빵을 우유와 달걀에 담근 다음 양쪽 면을 황갈색으로 구운 빵, 시럽과 함께 차려 낸다.	프랑스식 토스트
Fraise	딸기	
Francillon	Chicken의 육즙	
Fricass	닭고기, 새끼 양고기 혹은 송아지고기의 조각을 스튜 요리한 다음 같은 소스에 차려 낸 요리, 흰 소스 사용	잘게 썬 살코기 스튜
Fritter	식품을 batter에 담그거나 씌운 다음, 많은 기름에서 황갈색으로 튀긴 것, 프리터라는 용어는 튀긴 식품의 이름 뒤에 붙는다.	옷을 입혀서 튀긴 것
Frying	기름을 이용하여 조리하는 방법 ① Shallow frying : Pan frying이라고도 불리며, 깊이가 얕은 팬에 소량의 기름, 버터를 사용하여 빨리 튀겨내는 방법 ② Deep fat frying : 기름에 담가 튀기는 조리 방법으로 140~190℃에서 조리된다. 한번에 많은 재료를 넣으면 기름의 온도가 순식간에 낮아져 재료에 흡수되어 버리기 때문에, 식품을 적당량씩 넣어서 튀기도록 해야 한다.	
Froid	(불어) 차가운	
Fromage	(불어) 치즈	
Fumet de poisson	생선 국물(Fish stock).	

용 어	해 석	비고(약어풀이)
G		
Galantine	양계, 사냥물 혹은 고기의 뼈를 제거하고 고기 다짐으로 채워 삶은 다음 냉각시켜 냉육소스와 고기 젤리를 씌워 장식한 것, 일반적으로 얇게 썰어 뷔페 위에 차려 낸다.	
Garbanzo	병아리 콩 : 건조 시켰거나 통조림으로 가공한 것을 구입할 수 있다.	이집트 콩
Garnish	외형을 돋보이게 하는 품목으로 요리를 장식하는 것	장식
Garniture	(불어) 곁들임	장식물, 고명
Giblet	양계의 모래주머니, 심장, 그리고 간, 다리	
Glace de viande	고기 스톡을 조려서 반고체 상태로 만드는 것	조린 고깃국물
Glaze	광택 있는 재료로 요리를 씌우는 것(설탕, 버터를 이용)	
Goulash	걸쭉하고 맛있는 갈색 스튜 : 주요한 양념은 파프리카이다.	헝가리안 고기조림
Gourmet	고급 요리를 좋아하는 사람(미식가)	
Grate	문지르거나 마모시켜서 작은 입자로 만드는 것, 강판의 거친 표면을 사용한다.	
Gratinating	요리의 마무리 조리방법으로 계란, 치즈, 크림, 버터 등을 요리의 표면에 뿌려서 오븐이나 살라만더를 이용하여 표면을 갈색으로 굽는 조리방법	
Grenache	프랑스 남부에서 생산되는 검고 알이 굵은 포도, 그 포도로 빚은 포도주	
Griddle	바닥에서부터 열을 제공하는 커다랗고 넓적한 조리용 번철	
Gruyere	프랑스나 스위스에서 만드는 전통적인 스위스 치즈	
Guava	물레나무과의 관목, 그 과실	
Guigne	버찌의 일종	

용 어	해 석	비고(약어풀이)
Guinguet	알코올 성분이 적은 저급 포도주	
Gumbo	닭고기 국물, 양파, 샐러리, 녹색 고추, 오크라, 토마토와 쌀로 이루어진 크레올 형태의 걸쭉한 수프	오크라, 접시꽃과의 식물
Gut	창자, 장, 내장	
H		
Habiller	입히다, 조리하다.	
Hacher	다지거나 분쇄한다는 의미	잘게 썰다.
Heifer	송아지를 낳지 않은 어린 암소	
Homard	(불어) 바닷가재	
Homogenize	지방질 덩어리를 매우 작은 입자로 분쇄하는 것	
Hongroise	헝가리식	
Hors d' oeuvres	식사의 첫 번째 과정에서 차려 내는 적은 양의 음식, 전체는 여러 가지 형태로 차려 낼 수 있다.	식사 전에 먹는 간단한 요리
Huile	기름, 향유, 올리브유	
I		
Indian pudding	노란 옥수수 가루, 달걀, 갈색 설탕, 우유, 건포도, 그리고 양념을 혼합한 다음 오븐에서 서서히 구운 디저트	
Indienne	동인도식으로 요리한 음식, 카레가루가 주요한 양념이다.	
Irish stew	새끼 양고기, 당근, 순무, 감자, 양파, 덤플링, 그리고 양념으로 이루어진 흰색 양고기 스튜	에이레 양고기 요리

용 어	해 석	비고(약어풀이)
Isigny	프랑스 북부 노르망디 지방의 작은 마을로 고급 버터와 크림, 치즈의 산지	
J		
Jambalaya	쌀과 고기나 해양 식품의 혼합물을 함께 요리한 것	
Jambon	(불어) 햄	
Jardiniere	정원사형, 일반적으로 대략 1in 길이에 1/4in의 길이가 되도록 자른 당근 샐러리, 그리고 순무로 이루어진 고기 앙뜨레 용의 곁들임, 때때로 완두콩이 첨가된다.	정원사
Julienne	길고 얇은 가닥으로 자르는 것	
Jus de viande	천연 고기 주스	고기즙
Juter	즙을 내다. 즙을 뿌리다.	
K		
Kartoffel klasse	독일의 감자 덤플링	독일식 감자요리
Kebob	꼬치에서 구운 작은 고기조각(육각형)	인도의 요리명
Knead	반죽하다. 혼합하다.	
Kohl-rabi	양배추	
Kolatsche	살구 잼과 크림 샌드위치를 달걀 푼 것에 적셔 버터로 굽고 설탕을 뿌린 것	
Kosher	히브리의 종교법에 묘사된 법칙에 따라서 가공한 고기	유대율법에 따라 만든 요리
Kuchen	달콤한 이스트 반죽으로 만든 독일 케이크	독일식 과자
Kummel	케러웨이 씨를 첨가한 리큐르	

용 어	해 석	비고(약어풀이)
Kumquet	올리브와 유사한 모양과 크기를 가진 감귤류, 매우 작은 오렌지를 닮았다.	
L		
Lait	(불어) 우유	
Langouste	프랑스의 바닷가재	
Larding	맛을 증가시키고, 굽는 동안의 건조를 방지하기 위하여 소금에 절인 돼지고기 가닥을 고기에 끼워 넣은 것. 라딩 작업은 소금에 절인 돼지고기 가닥을 라딩 바늘에 끼우고 이것을 고기에 관통시켜서 끼워 넣는다.	
Legumes	채소	채소류
Lentil	콩과의 넓적한 식용 콩, 이것은 수프에 사용된다.	
Limburger Cheese	벨기에가 원산지인 부드럽고 영양분이 많으며 향기가 좋은 치즈 콩	벨기에의 치즈
London broil	브로일러에서 구운 정강이 스테이크를 경사면 위에서 얇게 썰고 걸죽한 브로일러에서 보르데레즈 소스와 함께 차려낸 소스	런던 스타일의 조리법
Lyonnaise	양파로 조리하여 차려 낸 것(예 : 리요네즈 감자)	프랑스 리용 지방명
M		
Macedoine	과일이나 채소를 주사위 모양으로 자르는 것	혼합물(채소, 과일)
Mandrilene	토마토를 첨가한 투명한 콩소메, 이것은 응고시키거나 뜨거울 때 차려 낸다.	대서양 군도
Maitre d'hotel	식당의 우두머리	
Maraschino	모조마라스치노 리큐르에 저장한 마라스치노	마라스치노 술

용 어	해 석	비고(약어 풀이)
Marinade	요리하기 전에 고기를 담가 두는 소금물이나 절임 용액	
Marmite	수프를 가열하여 차려내는 토기 포트	
Marrow	쇠고기나 송아지 고기의 뼈 중심부에 위치한 부드러운 지방	소골
Marsala	중간 정도의 강도를 가진 이탈리아의 셰리 포도주	
Masking	일반적으로 소스를 사용하여 요리를 덮는 것	
Mayonnaise	달걀, 기름, 그리고 식초를 함께 휘저어 유상화시킨 샐러드 드레싱	마요네즈
Melba	사이사이에 아이스크림을 곁들인, 전체의 과일을 멜바 소스로 덮은 것	호주 태생의 여배우
Malba toast	매우 얇게 구운 흰색 빵이나 롤의 조각	
Menthe	(불어) 박하	
Melt	열을 가하여 용해하거나 액체로 만드는 것	용해
Meringue	달걀흰자와 설탕을 함께 휘저어 거품이 일어나게 한 것, 이것은 파이와 케이크를 씌우는 데 사용된다.	
Meuniere	생선요리에 이용됨, 밀가루를 씌운 다음 버터를 이용하여 pan에 굽는 요리방법	프랑스 제분업자
Minced	매우 가늘게 자르는 것	
Mincemeat	잘게 쪼개어 요리한 쇠고기, 건포도, 사과 기름, 그리고 양념의 혼합물, 파이 재료로 사용한다.	
Minestrone	약간의 채소, 그리고 이탈리아 파스타를 사용한 걸쭉한 이탈리아 채소수프. 일반적으로 파르메산 치즈와 함께 차려낸다.	이탈리아식 채소수프

용 어	해 석	비고(약어풀이)
Mise en place	준비(=Preparation). 보통은 prep(프렙)이라고 줄여서 많이 표현 하며, 품을 조리하기 위한 상태로 절단 등을 하여 준비해 두는 것을 말한다.	
Mould	특정 요리의 모양을 만드는 형틀	
Mongol soup	가닥으로 자른 채소를 첨가한 토마토와 쪼갠 완두콩의 수프의 혼합물	몽고식 수프
Mornay Sauce	달걀노른자와 치즈를 첨가한 걸쭉한 크림 소스	
Mousse	주로 휘핑한 크림, 감미료, 그리고 첨가물로 만든 냉동 디저트 또는 갈은 양계, 고기 혹은 생선의 젤라틴 앙트레를 휘핑크림의 첨가로 가볍게 할 수 있다.	이끼, 거품
Mulligateway	닭고기, 스톡, 쌀, 채소, 그리고 카레가루로 만든 걸축한 동인도의 수프.	인도식 카레 수프
Muscatel	스페인의 말레카산 포도주	
N		
Napoleons	퍼프페이스트의 층을 크림 퐁당으로 분리하고 퐁당 아이싱을 씌운 프랑스의 페이스트리	프랑스 황제
Navarin	당근과 순무를 곁들인 스튜 형식의 요리	양고기 요리
Noir	(불어) 검은색	
Noisette	모든 뼈와 지방질을 제거하고 굽거나 튀긴 새끼 양고기나 돼지고기의 작은 허릿살 조각	식물 개암
Nougat	설탕, 아몬드, 그리고 파스타치오 견과로 만든 제과	
Nut	견과(호두, 개암, 밤 따위의)	

용 어	해 석	비고(약어풀이)
Nymphe	번데기, 개구리	
O		
Oeuf	(불어) 달걀	
Omelet	푼 달걀에 간을 맞추고 버터나 기름으로 부풀 때까지 튀긴 다음 둥글게 말거나 접은 것	
Ovaltine	맥아와 분유를 섞어 향기를 낸 것	
Oxford	레몬즙과 레몬껍질을 가하여 소금, 후추, 파프리카로 조미한 소스	
P		
Panache	혼합된 색을 의미하는 표현(한 가지의 요리에 두 가지 이상의 색을 사용할 수 있다.)	깃털, 깃털 장식
Parboil	부분적으로 요리하거나 물에 끓이는 것	
Parfait	다양한 색깔의 아이스크림을 키가 큰 파르페 글라스에 채우고 시럽이나 과일을 첨가한 다음 휘저은 크림. 쪼갠 견과, 그리고 버찌를 곁들인 것.	파르페 과일 시럽
Parisienne	파리의 여자를 의미하는 불어이지만, 파리지엔 국자로 작고 둥글게 자른 감자를 의미한다.	프랑스 여자
Parmentiere	감자와 함께 차려 낸 것, 이 용어는 대개가 수프(감자를 함유하는 것)와 함께 사용된다.	
Pastry bag	작은 끝 부분을 금속조각이 부착된 원추형의 천으로 만든 가방, 이것은 식품을 장식할 때 사용한다.	
Paysanne	농부형, 대개가 잘게 썬 채소나 쪼갠 채소.	농부 스타일

용 어	해 석	비고(약어풀이)
Persillade	파슬리를 곁들인 것	
Petite	(불어) 작은	
Petite marmite	강력한 콩소메와 닭고기 국물을 함께 합치고 다이아몬드 모양으로 잘라 삶은 채소, 쇠고기, 그리고 닭고기와 함께 차려낸 것	작은 냄비, 솥
Petits fours	소형 케이크, 퐁당을 씌우고 장식한 것	
Pilau or pilaf	닭고기 스톡, 양파, 버터로 양념 조리한 쌀 요리.	회교도의 라이스요리
Pimiento	달콤한 붉은색 고추	
Poaching	65~80℃의 물에 서서히 식품을 익히는 조리방법. 끓기 직전의 액체에 삶아서 가볍게 익히는 것. 조리 시의 온도가 80℃이상으로 올라가면 식품 내 단백질이 파괴되기 시작한다.(ex:수란) ① Shallow poaching : 식품 일부분(약 1/3)만 액체(종종 와인이나 레몬주스 같은 산성용액)가 잠기도록 함. shallot 또는 herb를 추가하여서 향을 내기도 한다. 증기가 날아가 덜 익는 것을 방지하기 위해서 뚜껑을 덮은 채로 조리한다. ② Deep poaching : 식품이 액체에 완전히 잠기게 한 뒤 뚜껑을 열고서 조리하는 방법. 식품에 수분을 주어서 부드럽게 하는 것이 목적이다. shallowing poaching 보다 더 낮은 온도에서 조리하는 것이 특징이며 육류, 조류, 어류 등의 부드러운 조리를 위해서 사용된다.	
Polonaise	신선하게 구운 빵조각에 쪼갠 파슬리와 딱딱하게 삶은 달걀을 혼합해 넣은 것, 곁들이는 흰 소스에 레몬과 호스래디시를 넣는다.	폴랜드 스타일
Pomme	(불어) 사과	
Pommes de Terre	(불어) 지상의 사과인 감자를 의미	

용 어	해 석	비고(약어풀이)
Popovers	우유, 설탕, 달걀, 그리고 밀가루로 만들어 재빨리 부풀린 빵	
Porter house Steak	미국식 절단 방법으로 잘라낸 허릿살, T-뼈가 허릿살에 남아 있도록 자르고 양 허릿살이 포함되도록 한다.	선술집 스타일의 스테이크
Pot pie	걸죽한 소스에 고기와 채소를 혼합하여 캐서롤에 집어넣고 파이 껍질로 덮은 것	
Poulet	(불어) 닭고기	영계, 식용 닭
Printaniere	갖가지의 작은 봄 채소 조각들과 함께 차려낸 것	봄에 나는 채소
Provencal	프로방스	
Q		
Quahog	커다란 대서양 대합조개에 대한 이탈리아 이름	이탈리아 조개 이름
Quenelle	대개가 닭고기나 송아지 고기인 고기 덤블링	고기 단자
R		
Ragout	걸쭉하고 맛있는 갈색 스튜	찝, 스튜 요리
Rasher	얇은 베이컨 조각. 대개 한 개의 베이컨 라셔라는 3조각을 요구한다.	베이컨 조각
Ravigote	마요네즈, 쪼갠 녹색 향료, 그리고 사철 쭉, 식초로 만든 차가운 소스, 이것은 시큼한 맛을 가진다.	소스의 일종
Ravioli	작은 사각형의 국수 반죽 상자에 닭고기 스톡에서 삶은 시금치와 간 고기를 데우고 고기 소스와 함께 차려낸 것	이탈리아 만두요리
Reduce	음식재료를 삶아 농축시킨 것	조리다.
Remoulade-sauce	타르타르 소스와 유사하게 간을 많이 넣은 차가운 소스이지만 버섯과 같은 고추를 첨가한 것	냉육과 생선에 사용하는 소스

용 어	해 석	비고(약어풀이)
Render	동물의 지방질에서 기름을 짜내는 것, 이 용어는 일반적으로 오븐에서 구운 감자에 사용된다.	
Rissole	(예 : 리솔레 감자)	
Romaine	샐러드 채소의 길고 좁으며 바삭바삭한 잎, 외부 잎은 상당히 짙은 갈색이고, 내부 잎은 연한 색이다. 이것은 부드러운 맛을 가진다.	채소 이름
Roquefort	프랑스의 유명한 푸른색 치즈	프랑스 로케포르 지방의 양젖으로 만든 치즈
Roti	(불어) 구이 (로스트)	
Rouge	(불어) 붉은색	
Roulade	Rolled 고기 말이	독일식 쇠고기
Royale	크림과 달걀의 혼합물을 콩소메와 고깃국물의 곁들임으로 사용할 수 있도록 커스타드로 구운 것	왕, 왕실
S		
Salamander	위에서부터 열이 공급되는 작은 브로일러 모양의 가열기구, 1인분씩 차려낸 요리들을 굽는 데 사용한다.	불이 위에 있는 전기나 가스 조리기
Salami	간을 많이 넣은 돼지고기와 쇠고기의 건조 소시지	이탈리아소시지의 일종
Sauerbraten	산성 쇠고기 포트 구이, 쇠고기를 마리네이드(식초용액)에 3~5일 동안 담가 둔다. 산성 소스와 함께 차려 둔다.	독일식 쇠고기 절임
Scald	우유나 크림을 표면에 막이 형성될 때까지만 비등점 이하에서 가열하는 것	
Scallion	기다랗고 두꺼운 줄기와 매우 작은 구근을 가진 녹색 양파	부추, 골파
Scallop	관자	

용 어	해 석	비고(약어풀이)
Schnitzel	고기조각	
Scone	디스켓과 유사한 스코틀랜드의 빵	
Score	특정 식품의 표면에 얕은 칼자국을 내어 외형을 돋보이게 하거나 부드럽게 하는 것	칼자국, 선을 긋다.
Shallots	마늘 구근과 관련이 있는 작은 양파 모양의 채소, 상당히 독한 양파 맛을 가지고 있다.	쪽파 머리
Shredded	얇은 가닥으로 자르거나 갈기, 조각 내는 작업은 대개가 프렌치 나이프나 슬라이싱기로 행한다.	
Simmering	poaching과 boiling의 혼합 조리 방법으로 85~95℃에서 조리한다. 식품을 습식 열로 부드럽게 하며, 국물을 우려낼 때 주로 사용한다.	
Sizzling steak	매우 뜨거운 금속 접시에 스테이크를 차려 내어 주스가 아직까지 지글지글 거리는 요리	스테이크 굽는 조리법
Smorgasbord	요리의 첫 번째 과정에서 자신이 직접 서비스하는 스칸디나비아식 전채, 샐러드, 고깃볼 등. 이것 다음에는 뜨거운 요리가 뒤따른다.	스칸디나비아식 전채
Souffl	매우 가볍고 부풀어 오른 품목, 일반적으로 푼 달걀흰자를 기본 반죽에 섞어 넣어서 만든다.	부풀어 오른
Spaetzles	길쭉한 국수 반죽을 커다란 구멍의 코란더에 통과시켜 끓는 스톡에서 요리한 오스트리아의 국수	오스트리아식 국수
Steaming	흔히 사용되는 조리 방법으로 갑각류, 육류, 생선, 야채, 후식 요리에 많이사용된다. 그 식품의 형태와 맛을 그대로 유지할 수 있는 장점이 있다.	
Stolle	카스테라 빵	
Spumone	과일과 견과에 씌우는 이탈리아의 팬시 아이스크림	진한 이탈리아식 아이스크림

용 어	해 석	비고(약어풀이)
Steep	뜨거운 액체에 담가 맛과 색이 나도록 하는 것	
Steer	거세시킨 어린 수송아지	
Supreme Strawberries-Romanoff	일반적으로 가금류의 가슴살을 의미함, 코인트로나 코쉬 리큐르에 담갔다가 휘핑한 크림에 섞어 넣은 딸기	최고, 최상의 러시아의 음악가
Sweetbreads	송아지와 새끼 양의 흉선	
Swiss chard	여러 가지 종류의 비트, 이것의 잎은 채소로 사용되어 샐러드의 재료가 된다. 이것은 시금치처럼 보인다.	
T		
Table d'hote	한 번의 요금에 의하여 차려지는 여러 가지 과정의 식사, 대부분의 레스토랑에 있어서 저녁 식단은 타블도테로 이루어진다.	
Tapioca	씁쓸한 카사바 식물에서 추출한 전분, 푸딩과 일부 수프의 농후제로 사용한다. 가는 입자를 가진 타피오카를 '펄(진주)' 이라고 부른다.	열대성 식물의 전분
Tarragon	요리에 사용되는 유럽산의 향료 잎	사철 쑥과의 식물
Tarte	과일과 크림으로 채우고 껍질이 없는 작은 개별 파이	
Tartare sreak	고기를 생으로 간 스테이크, 대개가 생달걀 노른자 및 양파와 함께 차려 낸다.	갈아서 만든 쇠고기 스테이크
Timbale	드럼 모양의 주형, 둥근 모양	
Tortilla	멕시코의 석쇠 케이크(납작하고 발효하지 않은 옥수수 케이크로서 가열된 돌이나 철 위에서 굽는다.)	멕시코식 옥수수 부침
Toss	특정 재료들을 들어올리고 떨어뜨리는 작업을 반복하여 함께 섞는 것	

용 어	해 석	비고(약어풀이)
Trim	식품을 다듬거나 손질하다 라는 뜻으로 사용된다. 보통 육류의 힘줄을 도려내고 지방을 제거할 때 많이 사용하기도 하지만, 과일이나 야채의 껍질을 벗기거나 다듬을 때도 사용한다.	
Tripe	족발, 간, 창, 혀 등을 의미함	소의 위장
V		
Veal birds	납작한 송아지고기 필렛살에 고기다짐을 넣고 둥글게 만 다음 오븐에서 구운 요리	
Venison	사슴의 살	
Vermicelli	건조한 밀가루 페이스트(파스타)의 길고 가는 봉	당면
Vert	(불어) 녹색	
Vichyssoise	차갑게 하여 차려 내는 크림 모양의 감자 수프	프랑스 비시지방 스타일, 찬 수프
Vin	(불어) 포도주	
Vol au vent	퍼프 페이스트리로 만든 상자나 껍질에 고기나 양계의 혼합물을 채우고 퍼프 페이스트리 뚜껑으로 덮어서 차려 낸 것	
W		
Welsh rarebit	녹은 체더 치즈에 맥주, 겨자, 그리고 우루세스터시어 소스를 첨가하고 토스트 위에서 매우 뜨겁게 하여 차려 낸 것	영국 웨일즈가의 치즈와 달걀요리
Wiener Schnitzel	송아지 고기 커틀렛에 빵가루를 씌우고 튀긴 다음 대개가 레몬 및 앤초비 조각과 함께 차려 내는 요리, 이 요리는 비엔나가 그 기원이다.	독일식 송아지 고기 요리

용 어	해 석	비고(약어풀이)
X		
Xavier	Arrow-Root로 반죽하여 Madere 주로 풍미를 내고 설탕을 넣지 않은 Crepes Rondes를 곁들인다.	
Y		
Yam	고구마의 일종	
Yerkis	잉어와 농어를 조미하여 백포도주와 버터로 조리고, 차게 하여 마요네즈와 함께 낸다.	
Yorkshire	가루, 버터, 소금으로 만든 면제품으로 Roastbeef를 곁들인다.	잉글랜드 동북부의 주
Yquem	잉글랜드 동북부의 주 Eyquem의 사투리, Bordeaux wine의 최상품	
Z		
Zest	레몬이나 오렌지의 껍질	
Zucchini	외형상 오이와 유사한 이탈리아의 호박류	
Zingara	데미그라스에 포도주와 토마토 퓨레를 넣고 조린 다음 햄, 송로, 송이, 소 혀를 가늘게 썰어 놓은 소스	프랑스의 집시
Zwieback	딱딱하거나 바삭바삭한 독일식의 빵 또는 비스킷	

2. 불어 조리 동사

용 어	해 석
A	
Ajouter	더하다, 첨가하다.
Abaisser	Dough를 만들 때 반죽을 방망이로 밀어주는 것
Appareil	요리 시 필요한 여러 가지 재료를 준비함
Arroser	Roast할 때 재료가 마르지 않도록 구운 즙이나 기름을 표면에 끼얹어 주는 것
Assaisonnement	요리에 소금, 후추를 넣는 것, 양념
Assaisonner	소금, 후추, 그 외에 향신료를 넣어 요리의 맛과 풍미를 더해 주는 것
B	
Barde	얇게 저민 돼지비계
Beurrer	① 소스와 수프를 통에 담아 둘 때 표면에 마르지 않게 버터를 뿌린다. 버터 라이스를 만들 때 기름 종이에 버터를 발라 덮어 준다. ② 냄비에 버터를 발라 생선과 채소를 요리하는 방법
Braise	채소, 고기, 햄을 용기에 담아 Fond de Veau, Bouillon, Mirepoix, Laurie를 넣고 천천히 오래 익히는 것
Brider	닭, 칠면조, 오리 등 가금이나 들새의 몸, 다리, 날개 등의 원형을 유지하기 위해 끈으로 묶는 것
C	
Clarifier	맑게 하는 것 ① 콩소메, 젤리 등을 만들 때 기름기 없는 고기와 채소에 달걀흰자를 사용하여 투명하게 한 것 ② 버터를 약한 불에 끓여 녹인 후 거품과 찌꺼기를 걷어내어 맑게 한 것 ③ 달걀흰자와 노른자를 깨끗하게 분류한 것

용 어	해 석
Clouter	양파에 Clove를 찔러 넣는다(베샤멜 소스).
Coller	① 젤리를 넣어 재료를 응고시킨다. ② 찬 요리의 표면에(피망, 젤리, 올리브 등) 잘게 모양낸 장식용 재료를 녹인 젤리로 붙인다.
Coucher	① (감자 퓌레, 시금치 퓌레, 당근 퓌레, 슈, 버터 등을) 주둥이가 달린 여러 가지 모양의 주머니에 넣어서 짜내는 것 ② 용기의 밑바닥에 재료를 깔아 놓는 것.
D	
Deglacer	채소, 가금, 야조, 고기를 볶거나 구운 후에 바닥에 눌어붙어 있는 것을 포도주나 코냑, 마데라주, 국물을 넣어 끓여 녹이는 것, 주스 소스가 얻어진다.
Degraisser	지방을 제거한다. ① 주스, 소스, 콘세트를 만들 때 기름을 걷어 내는 것 ② 고깃덩어리에 남아 있는 기름을 조리 전에 제거하는 것
Delayer	(진한 소스에) 물, 우유, 와인 등 액체를 넣어 묽게 한다.
Dorer	파테 위에 잘 저은 달걀 노른자를 솔로 발라서 구울 때에 색이 잘 나도록 하는 것
Dresser	접시에 요리를 담는다.
D sosser	(소, 닭, 돼지, 들새 등의) 뼈를 발라낸다. (뼈를 발라내 조리하기 쉽게 만든 간단한 상태를 뜻함)
E	
Ecumer	거품을 걷어 낸다.
Egoutter	물기를 제거하다.(물로 씻은 채소나 또는 브랑시 한 후 재료의 물기를 제거하기 위해 짜거나 걸러 주는 것)
Eponger	물기를 닦다. 흡수하다. (씻거나 뜨거운 물로 데친 재료를 마른 행주로 닦아 수분을 제거)

용 어	해 석
Etuver	천천히 오래 찌거나 굽는 것을 말한다.
Evider	파내다. 도려내다. (과일이나 채소의 속을 파내다.)
F	
Farcir	속을 채우다. (고기, 생선, 채소의 속에 채울 재료에 퓌레 등의 준비된 재료를 넣어 채우다.)
Flamber	불꽃을 피우다. ① 가금(닭 종류)이나 들새의 남아 있는 털을 제거하기 위해 불꽃으로 태우는 것 ② 바나나와 그레프 슈제트 등을 만들 때 코냑과 리큐르를 넣어 불을 붙인다. Baked slaska 위에 코냑으로 불을 붙인다.
Foncer	냄비의 바닥에 채소를 깐다. (여러 가지 형태의 용기 바닥이나 벽면에 파이의 생지를 깐다.)
Fouetter	달걀흰자, 생크림을 거품기로 강하게 젓는다.
G	
Glacer	광택이 나게 한다. 설탕을 입히다. ① 요리에 소스를 쳐서 뜨거운 오븐이나 살라만더에 넣어 표면을 구운 색깔로 만든다. ② 당근이나 작은 옥파에 버터, 설탕을 넣어 수분이 없어지도록 익히면 광택이 난다. ③ 찬 요리에 젤리를 입혀 광택이 나게 한다. ④ 과자의 표면에 설탕을 입힌다.
Gratiner	그라탕하다. (소스나 체로 친 치즈를 뿌린 후 오븐이나 살라만더에 구워 표면을 완전히 막으로 덮히게 하는 요리법)

용 어	해 석
H	
Hacher	(파슬리, 채소, 고기 등을) 칼이나 기계를 사용하여 잘게 다지는 것
L	
Larder	지방분이 적거나 없는 고기에 비늘이나 꼬챙이를 사용해서 가늘고 길게 썬 돼지비계를 찔러 넣는 것
Lever	일으키다. 발효시키다. ① 혀넙치 살을 뜰 때 위쪽을 조금 들어 올려서 뜨다. ② 파이지나 생지가 발효되어 부풀어 오른 것을 말한다.
Lier	농도를 걸쭉하게 하다.(소스가 끓는 즙에 밀가루, 전분, 달걀노른자, 동물의 피 등을 넣어 농도를 맞추는 것을 말한다.)
Limoner	더러운 것을 씻어 흘려보내다. ① (생선 대가리, 뼈 등의 피를) 제거하기 위해 흐르는 물에 담그는 것 ② 민물고기나 장어 등의 표면에 미끈미끈한 액체를 제거한다.
M	
Mariner	담궈서 절인다. 고기, 생선, 채소를 조미료와 향신료를 넣은 액체에 담가 고기를 연하게 만들기도 하고, 또 향이나 맛이 스며들게 하는 것
Masquer	가면을 씌우다. 숨기다. 소스 등으로 음식을 덮는다. (불에 굽기 전에 요리에 필요한 재료를 냄비에 넣는 것)
Mijoter	약한 불로 천천히, 조용히, 오래 끓인다.
Mortifier	고기를 연하게 하다. 고기 등을 연하게 하기 위해 시원한 곳에 수일간 그대로 두는 것
Mouiller	적시다. 축이다. 액체를 가하다. (조리 중에) 물, 우유, 즙, 와인 등의 액체를 가하는 것

용 어	해 석
N	
Napper	소스를 요리 표면에 씌우다. ① 위에 끼얹어 주는 것을 말한다.
P	
Paner	옷을 입히다. ① 튀기거나 소테하기 전에 빵가루를 입히다.
Passer	걸러지다. 여과되다. ① 고기, 생선, 채소, 치즈, 소스, 수프 등을 체나 기계류, 여과기, 시누아를 사용하여 거르는 것
Piquer	찌르다. ① 기름이 없는 고기에 가늘게 자른 돼지비계를 찔러 넣는다. ② 파이생지를 굽기 전에 포크로 표면에 구멍을 내어 부풀어 오르는 것을 방지하는 것
Presser	누르다. 짜다. (오렌지, 레몬 등의) 과즙을 짜다.
R	
Rafra chir	냉각시키다. 흐르는 물에 빨리 식히다.
Reduire	축소하다. (소스나 즙을 농축시키기 위해) 끓여서 조린다.
Relever	향을 진하게 해서 맛을 강하게 하는 것
Revenir	재료를 강한 불로 살짝 볶다.
Rissoler	센 불로 색깔을 내다. 뜨거운 열이 나는 기름으로 재료를 색깔이 나게 볶고 표면을 두껍게 만든다.
Rotir	로스트 하다. 재료를 둥글게 해서 크고 고정된 오븐에 그대로 굽는다. 혹은 꼬챙이에 꿰어서 불에 쬐어가며 굽는다.

용 어	해 석
S	
Saler	소금을 넣다. 소금을 뿌리다.
Saupodrer	가루 등을 뿌리다. 치다. ① 빵가루, 체로 거른 치즈, 슈거파우더 등을 요리나 과자에 뿌리다.
Singer	오래 끓이는 요리의 도중에 농도를 맞추기 위해 밀가루를 뿌려 주는 것
Sucrer	설탕을 뿌리다. 설탕을 넣다.
T	
Tailler	재료를 모양이 일치하게 자르다.
Tamiser	체로 치다. 여과하다. ① 체를 사용하여 가루를 치다.
Tourner	둥글게 자르다. 돌리다. ① 장식을 하기 위해 양송이를 둥글게 돌려 모양내다. ② 달걀, 거품기, 주걱으로 돌려서 재료를 혼합하다.
V	
Vider	닭이나 생선의 내장을 비우다.
Z	
Zester	오렌지나 레몬의 껍질을 사용하기 위해 껍질을 벗기다.

양식 조리사 실기시험 안내

① 시 행 처 : 한국산업인력공단

② 시험 과목

- 필기 : 1. 식품위생 및 관련법규 2. 식품학
  3. 조리이론 및 급식관리 4. 공중보건
- 실기 : 양식조리작업

③ 검정 방법

- 필기 : 객관식 4지 택일형, 60문항 (1시간)
- 실기 : 작업형 (70분 정도)

④ 합격 기준 : 100점 만점에 60점 이상

- 요구작업 내용 : 지급된 재료를 갖고 요구하는 작품을 시험 시간 내에 1인분을 만들어내는 작업
- 주요 평가내용 : 위생상태(개인 및 조리과정) · 조리의 기술(기구취급, 동작, 순서, 재료 다듬기 방법) · 작품의 평가 · 정리정돈 및 청소

출제기준(필기)

직무 분야	음식 서비스	중직무 분야	조리	자격 종목	양식조리기능사	적용 기간	2019.1.1 ~ 2019.12.31

○ 직무 내용: 양식조리 분야에 제공될 음식에 대한 기초 계획을 세우고 식재료를 구매, 관리, 손질하여 맛, 영양, 위생적인 음식을 조리하고 조리기구 및 시설관리를 유지하는 직무

필기검정 방법	객관식	문제 수	60	시험 시간	60분

필기과목명	문제 수	주요 항목	세부 항목	세세 항목
식품위생 및 관련 법규, 식품학, 조리이론 및 급식관리, 공중보건	60	1. 식품위생	1. 식품위생의 의의	1. 식품위생의 의의
			2. 식품과 미생물	1. 미생물의 종류와 특성 2. 미생물에 의한 식품의 변질 3. 미생물 관리 4. 미생물에 의한 감염과 면역
		2. 식중독	1. 식중독의 분류	1. 세균성 식중독의 특징 및 예방대책 2. 자연독 식중독의 특징 및 예방대책 3. 화학적 식중독의 특징 및 예방대책 4. 곰팡이 독소의 특징 및 예방대책
		3. 식품과 감염병	1. 경구감염병	1. 경구감염병의 특징 및 예방대책
			2. 인수공통감염병	1. 인수공통감염병의 특징 및 예방대책
			3. 식품과 기생충병	1. 식품과 기생충병의 특징 및 예방대책
			4. 식품과 위생동물	1. 위생동물의 특징 및 예방대책
		4. 살균 및 소독	1. 살균 및 소독	1. 살균의 종류 및 방법 2. 소독의 종류 및 방법
		5. 식품첨가물과 유해물질	1. 식품첨가물	1. 식품첨가물 일반정보 2. 식품첨가물 규격기준 3 중금속 4. 조리 및 가공에서 기인하는 유해물질

필기과목명	문제 수	주요 항목	세부 항목	세세 항목
		6. 식품위생관리	1. HACCP, 제조물책임법(PL) 등	1. HACCP, 제조물책임법의 개념 및 관리
			2. 개인위생관리	1. 개인위생관리
			3. 조리장의 위생관리	1. 조리장의 위생관리
		7. 식품위생관련 법규	1. 식품위생관련법규	1. 총칙 2. 식품 및 식품첨가물 3. 기구와 용기·포장 4. 표시 5. 식품 등의 공전 6. 검사 등 7. 영업 8. 조리사 및 영양사 9.시정명령·허가취소 등 행정제재 10. 보칙 11. 벌칙
			2. 농수산물의 원산지 표시에 관한 법규	1. 총칙 2. 원산지 표시 등
		8. 공중보건	1. 공중보건의 개념	1. 공중보건의 개념
			2. 환경위생 및 환경오염	1. 일광 2. 공기 및 대기오염 3. 상하수도, 오물처리 및 수질오염 4. 소음 및 진동 5. 구충구서
			3. 산업보건 및 감염병 관리	1. 산업보건의 개념과 직업병 관리 2. 역학 일반 3. 급만성감염병관리
			4. 보건관리	1. 보건행정 2. 인구와 보건 3. 보건영양 4. 모자보건, 성인 및 노인보건 5. 학교보건

필기과목명	문제 수	주요 항목	세부 항목	세세 항목
		9. 식품학	1. 식품학의 기초	1. 식품의 기초식품군
			2. 식품의 일반 성분	1. 수분 2. 탄수화물 3. 지질 4. 단백질 5. 무기질 6. 비타민 1. 식품과 효소
			3. 식품의 특수 성분	1. 식품의 맛 2. 식품의 향미(색, 냄새) 3. 식품의 갈변 4. 기타 특수 성분
			4. 식품과 효소	1. 식품과 효소
		10. 조리과학	1. 조리의 기초 지식	1. 조리의 정의 및 목적 2. 조리의 준비 조작 3. 기본 조리법 및 다량조리기술
			2. 식품의 조리 원리	1. 농산물의 조리 및 가공·저장 2. 축산물의 조리 및 가공·저장 3. 수산물의 조리 및 가공·저장 4. 유지 및 유지 가공품 5. 냉동식품의 조리 6. 조미료 및 향신료
		11. 급식	1. 급식의 의의	1. 급식의 의의
			2. 영양소 및 영양섭취기준, 식단 작성	1. 영양소 및 영양섭취기준, 식단 작성
			3. 식품구매 및 재고관리	1. 식품구매 및 재고관리
			4. 식품의 검수 및 식품감별	1. 식품의 검수 및 식품감별
			5. 조리장의 시설 및 설비 관리	1. 조리장의 시설 및 설비 관리
			6. 원가의 의의 및 종류	1. 원가의 의의 및 종류 2. 원가분석 및 계산

출제기준(실기)

직무 분야	음식 서비스	중직무 분야	조리	자격 종목	양식조리기능사	적용 기간	2019.1.1 ~ 2019.12.31

○ 직무내용: 양식조리 분야에 제공될 음식에 대한 기초 계획을 세우고 식재료를 구매, 관리, 손질하여 맛, 영양, 위생적인 음식을 조리하고 조리기구 및 시설관리를 유지하는 직무

○ 수행준거: 1. 양식의 고유한 형태와 맛을 표현할 수 있다.
2. 식재료의 특성을 이해하고 용도에 맞게 손질할 수 있다.
3. 레시피를 정확하게 숙지하고 적절한 도구 및 기구를 사용할 수 있다.
4. 기초 조리기술을 능숙하게 할 수 있다.
5. 조리 과정이 위생적이고 정리정돈을 잘 할 수 있다.

실기검정 방법	작업형	시험 시간	70분 정도

실기과목명	주요 항목	세부 항목	세세 항목
양식조리 작업	1. 기초 조리 작업	1. 식재료별 기초 손질 및 모양 썰기	1. 식재료를 각 음식의 형태와 특징에 알맞도록 손질할 수 있다.
	2. 스톡 조리	1. 스톡 조리하기	1. 주어진 재료를 사용하여 요구사항에 맞는 스톡을 만들 수 있다.
	3. 소스 조리	1. 소스 조리하기	1. 주어진 재료를 사용하여 요구사항대로 소스를 만들 수 있다.
	4. 수프 조리	1. 수프 조리하기	1. 주어진 재료를 사용하여 요구사항대로 수프를 만들 수 있다.
	5. 전채 조리	1. 전채요리 조리하기	1. 주어진 재료를 사용하여 요구사항대로 전채요리를 만들 수 있다.
	6. 샐러드 조리	1. 샐러드 조리하기	1. 주어진 재료를 사용하여 요구사항대로 샐러드를 만들 수 있다.
	7. 어패류 조리	1. 어패류 요리 조리하기	1. 주어진 재료를 사용하여 요구사항대로 어패류 요리를 만들 수 있다.

실기 과목명	주요 항목	세부 항목	세세 항목
	8. 육류 조리	1. 육류요리 조리하기(각종 육류, 가금류, 엽조육류 및 그 가공품 등)	1. 주어진 재료를 사용하여 요구사항대로 육류 요리를 만들 수 있다.
	9. 파스타 요리	1. 파스타 조리하기	1. 주어진 재료를 사용하여 요구사항대로 파스타 요리를 만들 수 있다.
	10. 달걀 조리	1. 달걀 요리 조리하기	1. 주어진 재료를 사용하여 요구사항대로 달걀 요리를 만들 수 있다.
	11. 채소류 조리	1. 채소류 요리 조리하기	1. 주어진 채소류를 사용하여 요구사항대로 채소 요리를 만들 수 있다.
	12. 쌀 조리	1. 쌀 요리 조리하기	1. 주어진 재료를 사용하여 요구사항대로 쌀 요리를 만들 수 있다.
	13. 후식 조리	1. 후식 조리하기	1. 주어진 재료를 사용하여 요구사항대로 후식요리를 만들 수 있다.
	14. 담기	1. 그릇 담기	1. 적절한 그릇에 담는 원칙에 따라 음식을 모양 있게 담아 음식의 특성을 살려 낼 수 있다.
	15. 조리 작업관리	1. 조리작업, 안전, 위생 관리하기	1. 조리복·위생모 착용, 개인위생 및 청결 상태를 유지할 수 있다. 2. 식재료를 청결하게 취급하며 전 과정을 위생적이고 안전하게 정리정돈하고 조리할 수 있다.

〈참고문헌〉

강무근 외, 《서양요리》, 예문사, 2002 / 경주호텔학교 교재 / 김기영 외, 《메뉴경영 관리론》, 현학사, 2006 / 김기영 외, 《외식산업관리론》, 현학사, 2003 / 김진 외, 《조리용어 사전》, 광문각, 2004 / 김원일, 《정통서양요리》, 기문사, 1994 / 나영선, 《서양조리 실무개론》, 백산출판사, 1999 / 박경태 외, 《현대서양 조리실무》, 훈민사, 2004 / 박상욱 외, 《서양요리》, 형설출판사, 1994 / 박정준 외, 《기초 서양조리》, 기문사, 2002 / 심순철, 《프랑스 미식 기행》, 살림출판사, 2006 / 염진철, 《The professional cuisine》, 백산출판사, 2007 / 염진철 외, 《기초 서양조리》, 백산출판사, 2006 / 오석태 외, 《서양 조리학 개론》, 신광출판사, 2002 / 원융희 외, 《레스토랑 메뉴디자인》, 신광출판사, 2001 / 정청송, 《불어 조리용어 사전》, 기전연구사, 1988 / 정청송, 《서양요리 기술론》, 기전연구사, 1990 / 정혜정, 《조리용어 사전》, 효일, 2003 / 진양호 외, 《이탈리아 요리 용어사전》, 현학사, 2006 / 진양호, 《현대 서양요리》, 형설출판사, 1990 / 최수근, 《서양요리》, 형설출판사, 2003 / 피터 바햄, 이충호 옮김, 《요리의 과학》, 한승, 2002 / 찰스 B. 헤어저 2세, 장동현 옮김, 《문명의 씨앗 음식의 역사》, 가람기획, 2000 / David V.Pavesic & Paul F.Magnant, 《Fundamental principles of restaurant cost control》, Pearson, 1998 / Donald Wade, 《Restaurant Management》, Thomson, 2006 / Wayne Gisslen, 《Professional Cooking》, Wiley, 2003 / John R.Walker & Donald E. Lundberg, 《The restaurant》, Wiley, 2001

https://blog.naver.com/lumenekorea/220394026653 로제소스 파스타 사진

〈저자소개〉

김용식: 연성대학교 호텔외식조리과(호텔조리 전공) 교수
허　정 : 연성대학교 호텔외식조리과(호텔외식경영 전공) 교수

기초 양식조리

2019년 1월 23일 1판 1쇄 인쇄
2019년 1월 29일 1판 1쇄 발행

지은이: 김용식 · 허　정
펴낸이: 박정태

펴낸곳: 광 문 각

10881
경기도 파주시 문발동 파주출판문화도시 161
광문각빌딩 4층
등　록: 1991. 5. 31 제12-484호
전화(代): 031)955-8787
팩　스 : 031)955-3730
E-mail: kwangmk7@hanmail.net
홈페이지: www.kwangmoonkag.co.kr
ISBN : 978-89-7093-928-5 93590

정가: 25,000원

한국과학기술출판협회회원